河北省自然科学基金生态智慧矿山联合基金（E2020402086）资助

开采沉陷动态预计方法及应用

张　兵　崔希民　赵玉玲　著

应急管理出版社

·北　京·

内 容 提 要

本书主要介绍了动态预计时间函数模型、基于优化时间函数的动态预计模型构建、开采沉陷动态预计模型算法、动态预计系统开发与实例验证、不规则工作面开采沉陷 3DEC 数值模拟等。

本书可作为高等院校测绘工程、采矿工程、岩土工程、地质工程等专业的教学参考书，也可供从事建筑物下、铁路下和水体下压煤开采，采空区土地复垦，防灾减灾工程，生态环境保护等的科研人员和工程技术人员参考。

前　　言

为了实现国家中长期"碳中和"和"碳达峰"战略目标，用清洁能源逐步取代煤炭能源的趋势已不可避免，但以煤炭为主的消费结构在短期内还将继续维持。近年来，由于在建筑物下、水体下及铁路下采煤量的逐渐增大，对农田、生态环境、地表建（构）筑物及其附属设施造成了不同程度的损害，并由此带来了一系列较为严重的社会问题。对采矿引起的地表及覆岩破坏规律的研究可追溯到 20 世纪 20 年代，矿山开采地表移动变形动态预计是开采沉陷研究领域的重要内容之一。掌握开采沉陷随时间变化的动态过程，不但可以随时掌握地表及覆岩的移动与变形分布规律，还可以实时得出地表最大变形值出现的时间和空间位置，对评价采动过程中地表建（构）筑物的变形过程和破坏程度，及时制定建（构）筑物的维修与加固方案和确定实施时间等都有重要的指导意义。

全书共分为 7 章：第 1 章介绍了现有开采沉陷动态预计相关研究成果；第 2 章分析了可用于动态预计的几种常用时间函数模型，并给出了一种改进的时间函数新模型；第 3 章探讨了基于改进时间函数模型和概率积分法构建矩形工作面开采沉陷动态预计模型的过程；第 4 章讨论了矩形工作面开采沉陷动态预计算法的实现过程，在此基础上构建了基于三角剖分算法的不规则工作面开采沉陷动态预计方法；第 5 章介绍了基于 MATLAB 软件编制的开采沉陷动静态预计一体化程序的主要功能并用实例进行验证；第 6 章探讨了针对复杂地形的 3DEC 数值建模方法，并结合工程实例将数值模拟和动态预计结果进行对比，探索研究动态预计的新方法；第 7 章对宁夏宁东煤炭基地的典型煤矿地表变形进行了动态分析，验证了本书所提算法及所建模型在工程应用中的可靠性。

本书第 1 章由河北工程大学赵玉玲撰写，第 2 章由石家庄学院张兵和中国矿业大学（北京）崔希民撰写，第3~6章由张兵撰写，第7章由张兵、崔希民、赵玉玲撰写。

　　本书编写过程中，得到了崔希民教授的指导和西山煤电（集团）有限责任公司康新亮高工、华北科技学院易四海研究员、开滦（集团）有限责任公司钱家营矿业分公司庞庆刚工程师及宁夏国土资源调查监测院王国瑞博士的支持和帮助，在此一并表示衷心的感谢。本书得到了河北省自然科学基金生态智慧矿山联合基金（E2020402086）的大力资助。对参考文献作者表示最真诚的谢意。

　　由于水平有限，书中不妥之处，恳请读者批评指正。

著　者

2021 年 6 月

目　　　　次

1 绪　　论

如果将我国已探明的除煤炭以外的其他一次性能源储量换算为标准煤，那么我国的煤炭资源储量占比将达到 85%，与欧美国家以石油为主的能源消费结构相比，我国的煤炭资源消费占比过大。从现阶段我国的基本国情来看，以煤炭为主的消费结构在短期内还将继续存在。当前由煤炭开采造成的地表沉陷及生态环境破坏问题已非常突出，据专家测算，每开采万吨煤炭造成的土地塌陷面积将达到 0.267 hm²。土地塌陷对农田和地面环境的危害十分大，会引起地表高低不平，在某些区域甚至出现较大的裂缝、台阶和塌陷沟（图 1-1），致使农田水利灌溉困难，潜水位平原地区农田大量积水，饮用水源遭受大面积污染。

(a)　　　　　　　　　　　　　　　　(b)

图 1-1　开采沉陷导致的地表台阶

国土资源部土地整治中心总工程师在 2014 年的国际矿业大会上指出，当前，我国煤炭开采破坏的土地大约有 2×10⁶ hm²。另外，由于我国的城镇化发展较快，直接导致了建筑物、铁路及水体下（以下简称"三下"）的压煤量逐年增长，据测算，我国仅村庄下压煤量就约 5300 Mt，而"三下"压煤量则非常巨大，随着矿区可采煤炭储量的减少，"三下"压煤量有逐年增长的趋势。据有关部门统计，我国主要产煤区建筑物下压煤量占可采储量的 30%~50%，如果将这些村庄异地安置，相关煤炭企业将会花费巨资，企业难以承受，同时，由开采带来的生态环境危害也会越来越大。以兖州矿区为例，其"三下"压煤量占全部可采储量的 60% 以上，如果全部开采，需要搬迁几十个村庄，搬迁费用近 8 亿元，徐矿集团也存在类似情况。抚顺矿区曾在建筑群下开采，导致地表约 160 km² 范围内的建筑群遭到不同程度的损坏（图1-2），阜新市新丘矿在建筑物下采煤也曾导致大量民房受损。

由于我国在"三下"进行采煤的情况普遍存在，且有逐年增长的趋势，随着城镇化的迅速发展，开采导致的生态环境破坏及建筑物质量损害日趋严重。从长期来看，减小煤炭开采危害最根本的途径还是要优化我国的能源供应结构，逐步减少开采总量，但根据现阶段我国的实际情况，短期内煤炭开采量仍将维持在较高水平，煤炭开采造成的损坏仍将在较长时间内继续存在。

(a)   (b)

图1-2　开采导致的塌陷坑和建筑物损坏

开采引起的地表移动变形与工作面推进速度、开采后所经历的时间及地表点的空间位置等因素密切相关，它是一个具有特定规律的与多因素有关的动态变化过程。具体为：从采煤工作面开始推进，经过一定时间，再到开采结束后的很长一段时间内，地表及岩层内部受影响的区域会经历从缓慢移动，到剧烈运动，再到逐步趋于稳定的过程。事实上，煤矿的地质条件及相应的采矿条件等因素决定了覆岩及地表的移动过程。为了能够实时掌握地表下沉的动态变化过程，为保护地表建筑物的安全，制定相应的维修或搬迁方案，确定相应的时间节点等提供理论或技术指导，现阶段，加强地表及岩层移动的动态变形机理与动态预计方法研究非常必要。

1.1　开采沉陷静态预计

静态预计主要针对覆岩与地表移动稳定后，对受开采影响的区域进行移动和变形的预计，静态预计理论及方法已经比较成熟。如果从预计模型建立的方法和途径来看，沉陷预计方法可以分为理论模拟法、影响函数法和经验法。

对规则工作面开采进行预计，可以采用剖面函数法，该方法属于经验法，是以大量实测数据为基础的。对不规则形状工作面开采进行预计，可以采用理论模拟法或影响函数法，其中，针对不同情况，应用理论模拟法时可采用连续、非连续或两者相结合的力学介质模型。在我国最常用的开采沉陷预计模型是概率积分法，它是基于随机介质理论的，该理论是由波兰学者 J. Litwiniszyn 在 20 世纪中期引入开采沉陷研究的，后来被我国学者刘宝琛等进一步研究和发展，最终创立了经典的概率积分法，经过不同学者的继续研究，现已非常成熟。除了概率积分法，我国很多矿区都建立了适合本矿区的典型曲线，用于对本矿区后续采矿的地表移动变形进行评估。国外利用典型曲线法预计地表移动与变形的国家主要有苏联和英国，苏联在顿涅茨煤田等 7 个主要煤矿区建立了典型曲线，这些典型曲线的建立为苏联"三下"煤炭开采提供了重要经验，为发展岩层控制理论和技术提供了宝贵的第一手资料。另外，为了解决概率积分预计模型与实测数据之间的某些不符问题，何国清教授在概率积分法的基础上，基于碎块体理论模型提出了威布尔分布函数预计方法，考虑到岩体的各向异性及非连续、均质的特性，提出了沉陷预计叠加原理，即岩层与地表各点移动变形值可由地下各小开采单元所引起的该点移动变形值求和得到。戴华阳教授在 2003 年以岩层移动机理为基础，以煤层倾角为主要参数，假定任意倾角的开采单位为面积微元矢量，依据随机介质理论和叠加等影响原理，建立了倾角为 [0°，90°] 区间的"采空区矢量法"预计模型，该模型可以用作倾角较大煤层开采时的沉陷预计。

针对覆岩内部不同深度点的移动变形预计问题，已有成果中大多采用与地表预计相同的方法，但需要事先求出预计水平面上的相应参数，由于岩体内部观测危险性大，且观测点很容易遭到自身变形的破坏，故相应参数很难通过实测资料分析获得，需要采用经验公式进行求取。

1.2 开采沉陷动态预计

1.2.1 动态预计时间函数

为了研究煤矿开采地表移动变形的动态过程，以裴尔兹为代表的学者在分析大量实测数据的基础上，提出了"时间系数"的概念，指出了"动态预计可采用静态预计结合时间系数来实现"。波兰学者克洛特在此基础上，基于"t 时刻的地表下沉速度与'地表最终下沉量和 t 时刻地表瞬时下沉量之差'成比例"的假设，提出了著名的 Knothe 时间函数，随后，该时间函数在开采沉陷动态预计中得到了广泛应用。德国学者克拉茨在研究实测数据与时间过程的关系后得出：不同矿区的时间系数是不同的，即使在同一矿区，随着开采条件的变化，该系数也会不同，反映在时间函数图像上则表现为：当采矿或地质条件改变时，函数的图像形态也是不断变化的，这种变化主要通过时间函数的参数（以下简称时间参数）变化来反映，因此，只有准确地求取时间参数才可能准确地进行地表沉陷动态预计。Sroka 和 Schober 在 Knothe 时间函数的基础上，提出了 Sroka-Schober 时间函数，由于该时间函数与"岩层收敛速率"和"作用时间"相关的两个参数在应用中难以准确确定，这在很大程度上限制了该函数的应用，使其多停留在理论分析层面。Jedrzeje 等基于 Knothe 时间函数，从地表下沉滞后于地下采动的观点出发，提出了广义时间函数，但通过分析得知，其在本质上与原函数的区别不甚明显。在动态预计实践中，虽然 Knothe 时间函数得到了大多数学者的认可，应用较广泛，但也存在不足之处。部分学者研究指出：利用该函数进行动态预计时，在地表下沉后的初始期内，预计精度较低，难以达到工程应用的精度要求，研究人员进一步分析后指出：Knothe 时间函数反映的地表下沉速度和下沉加速度与地表动态移动的实际过程并不完全相符，尤其是在地表下沉的初始阶段。针对 Knothe 时间函数在应用中出现的问题，部分学者对其进行过改进，或提出了新的时间函数模型。彭小沾等通过对该时间函数的深入研究，结合大量地表监测站数据，给出了较为理想的时间函数图像分布形态，以及 5 种确定时间参数的方法。常占强等在深入分析 Knothe 时间函数优缺点的基础上，将 Knothe 时间函数进行了分段表达，在一定程度上提高了该函数在下沉初始阶段的预计精度。刘玉成等为了改进 Knothe 时间函数的不足，将原函数加一个幂指数，建立了一个具有两个参数的 Knothe 时间函数，用以改善下沉速度和下沉加速度与实际地表下沉不相符的问题。Luo Yi 等通过研究美国长壁开采地表变形规律，对 Knothe 时间函数进行了改进，使其适应倾斜煤层开采时的动态预计。郭旭炜等给出了分段 Konthe 时间函数新的求参方法，解决了参数不随时间变化的问题。陈磊等采用水准与 InSAR 技术相结合估算幂指数 Knothe 时间函数模型的参数，并用实例说明使用该方法可以提高动态预计精度。关于时间函数的其他研究还包括：胡青峰等进一步阐述了 Knothe 时间函数的影响因素，探讨了时间函数的直接求取方法。Gonzalez- Nicieza C 等对正态分布时间函数进行了研究，指出其在动态预计中具有较好的适应性。李春意等分析了正态分布时间函数的图形特征，探讨了参数的确定方法，建立了基于该函数的动态预计模型。张凯等采用生长函数模型对正态分布时间函数进行了优化，解决了密度函数的有效积分域亏损随时间参数 c 减小的问题。另外还有很多新提出的时间函数，但其中很多是从纯理论的角度推导出的，认为凡符合理想时间函数的 3 个基本特征或函数图像符合"S-型"特征均可改进为时间函数，但较少考虑时间参数的物理意义和参数求取的便捷性，这样就很难在动态预计中推广应用。

由于 Knothe 时间函数存在一些不足，许多学者也试图使其完善，以提高其适应性和精度，但改进的函数或增加了参数数量导致参数确定更加困难，或没有从本质上改变其性质，加上缺乏后续的研究应用，导致改进的函数并没有被广泛地应用于实践。

1.2.2 动态预计方法

1987 年王树元编译出版的《岩层与地表移动预计方法》是国内较早介绍英国及

德国地表动态移动变形理论和方法的书籍，其中"以实测矿区下沉时间系数为基础，结合工作面向前推进的面积影响系数计算地表任意点的动态变化"的思想，成为后来"动态预计可通过将静态预计模型乘相应的时间函数来实现"这一理论的基础。此后，国内外很多学者都基于这一理论建立动态预计模型和方法。Andrew Jarosz 基于 Knothe 时间函数研究了预测地表下沉动态预计方法，建立了相应的预计模型，探讨了预计参数的含义。IMBABY. S. S 基于埃及 Abu-Tartu 煤矿长壁开采的地表移动变形实测数据，通过动态加载试验，获得了该矿区 Knothe 时间影响系数。Hiro Ikemi 等采用地理信息技术模拟了地表移动变形的动态过程。王金庄等以峰峰矿实测数据为基础，建立了双曲函数模型，用以预计地表移动和变形的动态过程，开启了国内动态预计研究的序幕。吴立新等建立了三维预测模型，用来对地表沉陷动态过程进行描述。余学义等采用 Budryk-Knothe 预计模型，在充分开采条件下，研究了地表移动主断面上的动态预计方法，给出了相应的计算公式及参数求取方法。吴侃等建立了相应的动态预计模型，给出了应用时序分析法求取预计参数的过程。杨帆等在流变力学和薄板弯曲理论的基础上，建立了基于时间过程的地表点动态下沉公式。朱广轶等对地表动态移动变形规律进行了研究，考虑了时间因素，结合概率积分模型建立了相应的动态预计方法。张书建等以 Knothe 时间函数模型为基础，对 3212 工作面地表监测点进行了不同点位、不同时间的动态下沉预测，并与水准测量数据和 D-InSAR 监测结果进行了比较。廉旭刚等对沉陷动态预计方法进行了研究，提出了优化的下沉系数和基于 UDEC 的数值模拟改进算法。王军保等采用岩石力学的非定常流变模型，对 Knothe 时间函数存在的问题进行了研究，将 Knothe 时间系数看作非常量，构建了基于 Knothe 时间函数的地表下沉盆地计算公式。朱晓峻等在分析 Knothe 时间函数原理的基础上，将崩落法开采地表动态预测模型与固体充填开采动态顶板沉陷函数相结合，提出了固体充填开采地表动态沉陷预测模型。侯得峰等建立了厚松散层矿区地表动态沉降预测分析的叠加模型，该模型将上覆基岩视为黏弹性梁，利用开尔文黏弹性流变模型预测上覆基岩的动态沉降，厚松散层则用随机积分预测随机介质和地面动态沉降。孙闯等通过研究松散地层条件下地表点沉降规律和 Knothe 时间函数模型在预测松散地层条件下的不足，在原时间函数中增加了表达松散地层下沉的时间影响参数 C_2，构成了双因素时间函数模型，并用实例证明其能较好地预测赋存不同厚度松散地层条件下地表点的动态沉降全过程。王秉龙等引入了一个新时间参数到 Knothe 时间函数模型中，建立了一个新的函数模型，并采用注水技术确定模型参数，用来模拟覆岩注浆开采过程中的地表沉降。李怀展等提出了一种基于加权法和地质力学参数敏感性的地表沉降动态预测方法，并用实例证明该方法可以提高地表动态沉降的预测精度。高超等针对特厚煤层综放开采条件下地表移动变形的特殊性，引入 Bertalanffy 时间函数并对其进行了改进，然后结合影响函数法公式，建立了动态预计模型，解决了只采不放等区域性变采高条件下地表动态沉陷预计问题。李全生等根据实测主断面下沉速度发展规律，建立了地表下沉速度与工作面相对位置关系的函数模型，用于开采过程中走向主断面地表下沉的预计，在一定程度上提高了开采初始阶段地表下沉的预计精度。卢克东等采用遗传粒子群 GA-PSO 融合算法对 Richards 模型参数进行了动态修正，建立了基于GA-PSO 融合算法的 Richards 时间函数参数优化模型，得出经过 GA-PSO 融算法优化参数后的 Richards 模型更加高效，有助于建立精度更高的地表移动动态预计模型。很多学者还给出了不同的预计方法，如地表动态沉降预测的 Richards 模型、基于双因素时间函数的地表点动态沉降预计模型等。

近年来，不少学者开始尝试采用 SAR/InSAR 图像分析、探讨煤矿开采地表沉陷的发展趋势以及特殊剖面线在时间和空间上的沉陷变化规律，在 InSAR 矿区地表三维形变动态预计方面也提出了多种融合 InSAR 与概率积分法或修正概率积分法的矿区地表三维或三维时序形变预计方法，取得了一定成果。但干涉图像和外部参考 DEM 配准时的精度评价困难，没有定量的匹配精度进行精度衡量，大量人机交互带来的主观误差，参考 DEM 本身存在误差，在 DEM 测图时地物地貌特征点选取不准确、等高线拟合、地貌线勾画精度、高程点内插等原因导致的 DEM 误差等，都会影响地表位移相位信息的提取精度，因此采用 SAR/InSAR 图像数据进行地表沉陷动态预计还有很多工作要做。

综上可知：①利用时间函数结合成熟的地表沉陷静态预计模型，实现开采过程中的地表沉陷动态预计仍是开采沉陷领域的主要研究方向；②Knothe 时间函数在动态预计研究中依然占有重要地位，应用较广泛；③现有研究中，不少新提出的动态预计时间函数多是从纯理论分析的角度来构建模型的，参数的实际物理意义则考虑较少，或者考虑得不够充分，导致在实际应用中时间参数的求取较困难，限制了应用；④现有的动态预计研究绝大多数是针对常规工作面（规则矩形工作面）开采的，针对不规则工作面开采的研究相对不足，而不规则工作面在采矿实践中并不少见。

1.2.3　开采沉陷预计软件

1992—2004 年，美国、英国、加拿大和澳大利亚等国家基于 GIS（Geographic Information System）和 GMS（Geoscience Modeling System）软件，编制了一些具有代表性的矿业应用和矿山模拟软件系统，如 LYNX、MineMAP、MineTEK、M ineOFT 等软件在许多采矿国家得到了应用。国内，1997 年，吴侃基于概率积分预计理论开发了 MSPS 系统。戴华阳采用 GIS 二次开发技术，基于其所提出的矢量预计模型，开发了沉陷预计可视化系统。2007 年，栾元重等以 MapInfo 为平台，开发了矿区可视化地表沉陷系统（MSSFS 系统），该系统借助地理信息平台实现了对地表监测数据的科学管理。2008 年，王玲、吴侃等基于 ArcGIS Engine 开发了开采沉陷预计系统，该系统能够对变形预计结果进行分析和显示，同时具备对数据的可视化功能。天地科技唐山分公司推出了智能化沉陷预测系统，该系统采用了 VB、MATLAB 及CAD 等平台进行开发，在对预测结果的表达方面具有较强的空间模拟功能。李培现基于 MATLAB 软件，编制了矩形工作面开采沉陷预计系统，对预计系统功能和结构以及所使用的数学模型进行了讨论，并通过实例验证了程序的正确性。孙灏利用IDL 语言设计完成了开采沉陷预计系统的主要功能开发。王磊和谭志祥等基于 MAT-LAB 软件，编制了地表沉陷预计系统，该系统能进行多个工作面同时开采时的沉陷预计，具有对预测数据的三维表达功能。2008 年张兵、崔希民利用 VB 语言开发了适合矩形工作面开采的"矿山地表移动变形静/动态预计系统"，2010 年和 2011 年，李春意和胡青峰在该软件的基础上采用 C#语言对该软件进行了完善。2009 年，贾小敏、余学祥等采用 VB 和 AutoCAD 技术平台编制了预计系统，该系统可对地表沉陷与变形值进行预计，完成地表下沉、倾斜等图形的绘制。同年，蔡来良基于 VB语言编制了绘制预计数据等值线的程序，研究了输出数据的格式问题及等值线绘制追踪等相关问题，编制了 MSCS（开采沉陷等值线）系统。戴华阳等采用 VB 语言开发了开采沉陷动态预计系统并用大量实测资料进行了验证。

现有的开采沉陷预计系统大多是基于 VB、IDL、C# 等语言编写的，在数据处理和可视化表达方面，通常需要借助 Surfer、AutoCAD、GIS 或者 Origin 等第三方软件。虽然也采用 MATLAB 软件进行了系统开发，但程序功能简单，并且大多数是针对水平或缓倾斜煤层矩形工作面开采而设计的。

2　动态预计时间函数

在进行开采沉陷动态预计时，需要选定合适的时间函数。当前，我国采用的时间函数主要有：Knothe 时间函数、Sroka – Schober 时间函数、广义时间函数、Logistic 增长模型时间函数、Weibull 时间函数等，其中应用最广泛的是 Knothe 时间函数。本章主要介绍和分析了我国应用比较广泛的 5 类时间函数；研究了正态分布时间函数，分析了其参数的意义及适用条件；重点分析了分段 Knothe 时间函数，针对其存在的问题提出了修正方法，并进行了优化，解决了其在实际应用中存在的两个主要问题，扩展了应用范围。

2.1　常用动态预计时间函数

2.1.1　Knothe 时间函数

Knothe 时间函数是由波兰学者 Knothe 在 1952 年提出的，主要基于下面的假设，即某一时刻的地表下沉速度 V_t 与地表最终的静态下沉量 W_0 和某时刻 T 的动态下沉量 $W(t)$ 之差成正比，具体见式（2 - 1）：

$$V_t = \frac{\mathrm{d}W(t)}{\mathrm{d}t} = c\big[W_0 - W(t)\big] \qquad (2 - 1)$$

式中　　　　　　t——预计时刻到工作面开挖时刻的时间长度，a；

　　　　　　$W(t)$——t 时刻地表下沉动态下沉值；

　　$W_0 - W(t)$——t 时刻到地表沉陷稳定后的潜在下沉量；

　　　　　　　c——模型参数（时间常数），取值与采空区上覆岩层的物理力学性质密切相关。

考虑到开采未进行时的边界条件：$t = 0$、$W(t) = 0$，对式（2 - 1）进行积分，可推导出

$$W(t) = W_0(1 - \mathrm{e}^{-ct}) \qquad (2 - 2)$$

式（2 - 2）便是 Knothe 时间函数计算地表下沉动态预计值的表达式，如果令时间函数 $\phi(t) = 1 - \mathrm{e}^{-ct}$，则式（2 - 2）可表示为

$$W(t) = W_0\phi(t) \qquad (2 - 3)$$

$\phi(t)$ 即为 Knothe 模型中地表沉陷动态预计的时间函数，其另外一种形式为

$$F_K(t) = \begin{cases} 1 - \mathrm{e}^{-c(t-t_r)} & t > t_r \\ 0 & t \leqslant t_r \end{cases} \qquad (2-4)$$

式中 $F_K(t)$ ——Knothe 时间函数；

　　　　t_r ——延迟时间，即从地下采矿开始到地表下沉显现所经历的时间。

Knothe 时间函数图像及其一阶导数和二阶导数图像如图 2-1 所示。

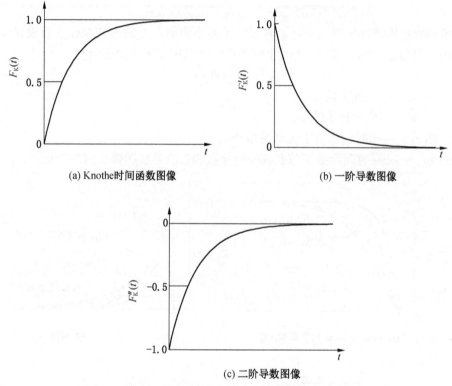

(a) Knothe时间函数图像　　　　　　(b) 一阶导数图像

(c) 二阶导数图像

图 2-1   Knothe 时间函数图像及其一阶导数和二阶导数图像

在 Knothe 时间函数的基础上，崔希民等指出时间函数的一阶导数图像的变化趋势反映了地表下沉速度的变化趋势，而二阶导数图像的变化趋势则反映了地表下沉加速度的变化趋势。同时，他还讨论了该函数时间影响系数 c 的确定方法，对 Knothe 时间函数理论的局限性进行了研究，并结合概率积分法建立了地表走向断面动态移动过程的实用计算方法，在很大程度上推广了 Knothe 时间函数在我国开采沉陷动态预计中的应用。

2.1.2   Sroka-Schober 时间函数

Sroka-Schober 时间函数也称为双参时间函数，该函数是由学者 Sroka-Schober

于 1982—1983 年提出的，该函数包括了 2 个参数，具体公式如下：

$$F_S(t) = 1 + \frac{\xi}{f - \xi} e^{-f(t - t_r)} - \frac{\xi}{f - \xi} e^{-\xi(t - t_r)} \qquad (2 - 5)$$

式中　　$F_S(t)$ ——双参时间函数；

　　　　f ——岩层体积的相对收敛速率，a；

　　　　ξ ——与开采区上覆岩层物理力学有关的参数，描述了由于岩性与岩层组合的不同所带来的地表下沉延迟效应。

　　该函数在构建过程中，考虑了岩层随时间不同而产生的形变变化。假设矿山开采体积 V 与地表下沉量 $W(t)$ 之间紧密关联，可以用以下函数表示：

$$W(t) = qVF_K(t) \qquad (2 - 6)$$

式中　　q ——下沉系数；

　　　　V ——矿山开采体积；

　　$W(t)$ ——t 时刻地表下沉动态预计值。

Sroka-Schober 时间函数图像及其一阶导数和二阶导数图像如图 2-2 所示。

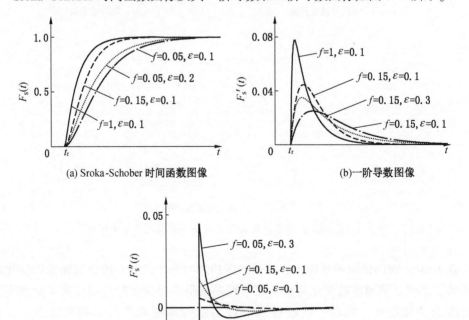

(a) Sroka-Schober 时间函数图像　　　　　　(b) 一阶导数图像

(c) 二阶导数图像

图 2-2　Sroka-Schober 时间函数图像及其一阶导数和二阶导数图像

由图 2-2a 可知，当 $\varepsilon = 0.1$、增大 f 时，时间函数从 $0 \rightarrow 1$ 所经历的时间过程就会缩短，如果将其用作动态预计的时间函数，从时间函数的意义来看，它表示：地表点从下沉开始显现，到达到最大值所经历的时间过程就越短，当 $f = 0.05$ 时，随着 ε 值的增大，时间函数曲线的变化斜率不同，但时间函数值从 $0 \rightarrow 1$ 所经历的时间则是相同的。当 f 和 ε 值较小时，如 $f = 0.01$、$\varepsilon = 0.1$ 时，其图像主要有 3 个变化过程。3 个过程如下：第一个过程是：时间函数图像的斜率较小，这一过程持续时间较短；第二个过程是：时间函数图像的斜率增加，并逐步增加到最大值，这一过程持续时间较长；第三个过程是：时间函数图像的斜率从最大值逐渐减小到 0 并趋于稳定，而当 f 和 ε 值较大时，如 $f = 1$、$\varepsilon = 0.1$ 时，其函数图像与 Knothe 时间函数相似，几乎不存在第一个过程。

由图 2-2b 可知，3 个变化过程对应的下沉速度都满足 $0 \rightarrow v_{max} \rightarrow 0$ 的过程，这一过程虽与理论分析相吻合，但其下沉速度曲线极不对称，这一不对称性又与地表实际下沉的动态过程偏离较大。同时，由图 2-2c 可知，该时间函数下沉加速度的变化趋势与 $0 \rightarrow + a_{max} \rightarrow 0 \rightarrow - a_{max} \rightarrow 0$ 这一理论过程不吻合。综上可知，当 f 和 ε 值较小时，可将该时间函数用于动态预计，但在地表下沉初始阶段的预计误差将会较大。

2.1.3　广义时间函数

由于从地下开采到岩层移动再到地表移动需要一个过程，并不是瞬间完成的，通常情况下，从开切眼处到工作面推进 $0.25 \sim 0.5 H_0$（H_0 为平均开采深度）时，地表下沉才开始显现，从地表下沉滞后地下采动这一现象出发，Jedrzeje 等在 1999 年提出了广义时间函数模型，见式（2-7）：

$$T(t) = \Theta(t) q(t) \qquad (2-7)$$

式中　$\Theta(t)$ ——主时间函数；

　　　$q(t)$ ——辅时间函数。

具体形式如下：

$$\Theta(t) = 1 - A e^{-c(t-t_r)} \qquad (2-8)$$

$$q(t) = \begin{cases} 0 & t < t_r \\ 1 & t \geq t_r \end{cases} \qquad (2-9)$$

其中，A、c、t_r 是方程的系数，其中 c 与上覆岩层的岩性和组合状况有关，量纲为 $1/a$，t_r 是延迟时间，即从地下工作面开始推进到地表下沉显现所经历的时间，t 是单元开采所经历的时间。由式（2-8）可知，当 $t = t_r$ 时，即当开采影响刚传递到地表时，$\Theta(t) = 1 - A$，它的意义是：经过时间 t_r 后，地表瞬间下沉量与终态下沉量的比值。

根据前面叙述可知，时间函数的一阶导数表示下沉速度的变化趋势，二阶导数表示下沉加速度的变化趋势，广义时间函数图像及其一阶导数和二阶导数图像如图 2-3 所示。

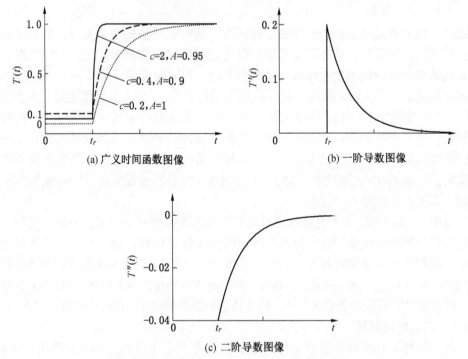

(a) 广义时间函数图像　　　　　　　　(b) 一阶导数图像

(c) 二阶导数图像

图 2-3　广义时间函数图像及其一阶导数和二阶导数图像

　　大量实测资料表明，煤矿开采引起的地表下沉的实际过程是：工作面开始推进，经过一定时间 t_r 后，上覆岩层的冒落、断裂和弯曲才会传递到地表，引起地表下沉和倾斜等移动变形，地表的移动和变形速度经历"从 0 到最大值，再到 0（$0 \rightarrow v_{max} \rightarrow 0$）"的变化过程，相对应的下沉加速度则经历"从 0 到最大值，再到 0，然后到负的最大值，再到 0（即 $0 \rightarrow +a_{max} \rightarrow 0 \rightarrow -a_{max} \rightarrow 0$）"的过程。从时间函数意义来看，理想的时间函数曲线必须满足 3 个条件：①在地表下沉的初始阶段，时间函数值应从 0 开始，缓慢增大，对应的时间函数曲线的斜率缓慢增加；②在第一阶段之后，时间函数值经历快速增大阶段，对应的函数曲线的斜率则迅速增大；③在达到充分采动并经过一定时间之后，地表最大下沉量达到最大值，此时，时间函数值则应收敛到 1，不再增大，对应时间函数曲线的斜率为 0。

　　由于广义时间函数在 $0 \rightarrow t_r$ 时间内，其函数值不变，这与时间函数的意义不符，因此在 $0 \rightarrow t_r$ 时间段内，如果考虑地表在此期间的微小下沉量（小于 10 mm），那么，其下沉量则取决于时间函数系数 A 的取值大小：

$$W_{0 \rightarrow t_r} = W_0 (1 - A) \leqslant 10 \text{ mm} \tag{2-10}$$

式中　$W_{0 \rightarrow t_r}$ ——$0 \rightarrow t_r$ 时间段内，地表的累积下沉量；

W_0 ——开采达到充分采动时地表的最大下沉量。

由式 (2-10) 可知，当 $W_0 = 1000$ mm 时，求得 $A \geqslant 0.99$，因此，在实际应用中，如果地表的最大下沉量不超过 1000 mm，参数 A 比 1 略小则较合理，具体可根据实际情况计算确定。当地表的最大下沉量大于 1000 mm 时，A 值应等于 1。由图 2-3a 可知，当 $t > t_r$ 时，时间函数值从 0 逐渐增加到 1，随着时间常数 c 值的不同，时间函数值增加到 1 所经历的时间也不同，c 值越大，所经历的下沉时间越长。因此在实际应用中，可以根据采矿区上覆岩层的岩性、组合状况、开采深度、开采厚度等具体情况来决定 c 值，因为这些开采条件直接决定最大下沉量的大小以及地表下沉达到最大值所经历的时间长短。

对比式 (2-8) 与 Knothe 时间函数可知，当 $A = 1$ 时，广义时间函数就转换成了 Knothe 时间函数。广义时间函数的参数 A 为常数，其值大小并不能决定函数的形态，同理，也不能决定其一阶导数和二阶导数的形态，因此其下沉速度和下沉加速度与 Knothe 时间函数一样，如图 2-3b、图 2-3c 所示，不能满足 $0 \rightarrow v_{max} \rightarrow 0$、$0 \rightarrow + a_{max} \rightarrow 0 \rightarrow - a_{max} \rightarrow 0$ 规律，同样也不能更好地描述地表下沉的动态过程，但是，加入了参数 A 之后，在一定程度上增加了该函数对某些地质采矿条件的适用性。

2.1.4 分段 Knothe 时间函数

由于 Knothe 时间函数在理论上存在不符合地表下沉动态预计变化规律的情况，因此，为了应用的需要，国内很多学者对 Knothe 时间函数进行了研究，提出了多种改进的 Knothe 时间函数模型。2003 年，常占强、王金庄在深入分析 Knothe 时间函数优缺点的基础上，提出了改进的克诺特时间函数，该函数模型用 2 个函数表达式描述地表点下沉的 2 个阶段。2 个阶段如下：第一个阶段是地表下沉速度逐渐由 0 增加到最大值，是地表点受到采动影响而逐渐弯曲、断裂和垮塌的阶段；第二个阶段是地表下沉速度由最大值逐渐减小到 0 的过程，是地表点随地下岩体产生裂隙、离层、离层闭合和破碎岩体的压实阶段。2 个阶段时间函数下沉速度的函数形式如下：

$$V_t = \begin{cases} V_1(t) = 0.5\ cW_k \mathrm{e}^{-c(\tau - t)} & 0 < t \leqslant \tau \\ V_2(t) = 0.5\ cW_k \mathrm{e}^{-c(t - \tau)} & \tau < t \leqslant T \end{cases} \tag{2-11}$$

式中　　V_t ——地表在 t 时刻的下沉速度；

　　　　$V_1(t)$ ——第一个阶段地表在任意时刻 t 的下沉速度；

　　　　$V_2(t)$ ——第二个阶段地表在任意时刻 t 的下沉速度；

　　　　W_k ——地表终态的最大下沉量；

　　　　τ ——地表出现最大下沉速度的时刻，即近似为下沉曲线出现拐点的时刻；

　　　　T ——2 个阶段的下沉总时间，也可以理解为地表点达到最大下沉量时所经历的开采总时间。

式（2-11）中的参数 c 与 Knothe 时间函数的参数 c 意义相同。

由大量的现场观测资料可知，地表点下沉速度达到最大值时，地表点的下沉量大致等于该点最大下沉量 W_k 的一半，具体如图 2-4 所示。

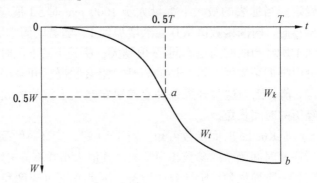

图 2-4　分段 Knothe 时间函数分段点示意图

根据式（2-11），当 $\tau = 0.5T$ 时，可求得最大下沉速度 V_m 的表达式：

$$V_m = 0.5\, cW_k \tag{2-12}$$

将式（2-12）代入式（2-11），并对时间 t 积分可以得到地表任意时刻下沉量的计算公式：

$$W_t = \begin{cases} W_1(t) = 0.5\, W_k\left[\mathrm{e}^{-c(\tau-t)} - \mathrm{e}^{-ct}\right] & 0 < t \leqslant \tau \\ W_2(t) = 0.5\, W_k\left[2 - \mathrm{e}^{-c(t-\tau)} - \mathrm{e}^{-ct}\right] & \tau < t \leqslant T \end{cases} \tag{2-13}$$

2.1.5　双参 Knothe 时间函数

针对 Knothe 时间函数在下沉速度和下沉加速度方面与实际地表下沉规律不符的情况，为了提高其预测精度和适用性，刘玉成等对 Knothe 时间函数进行了研究，提出了在 Knothe 时间函数的基础上加一个幂指数，这样，Knothe 时间函数就有了 2 个参数 c 和 n，将其定义为：双参 Knothe 时间函数，具体函数形式见式（2-14）。

$$k(t) = (1 - \mathrm{e}^{-ct})^n \tag{2-14}$$

双参 Knothe 时间函数图像及其一阶导数和二阶导数图像如图 2-5 所示。

由图 2-5a 可以看出，当加入幂指数 n 后，通过调节 n，可以改变时间函数的形态，这样，根据开采区上覆岩层的物理力学性质、开采深度、速度、开采方法等的不同，只要能够合理确定参数 c 和 n，便可用它们进行动态变形预计。由于双参 Knothe 时间函数图像形态变化更多样，因此扩大了 Knothe 时间函数的应用范围。由图 2-5b、图 2-5c 可以看出，双参 Knothe 时间函数的下沉速度和下沉加速度符合 $0 \to +v_{\max} \to 0$、$0 \to +a_{\max} \to 0 \to -a_{\max} \to 0$ 规律，在理论上更符合地表下沉动态预计

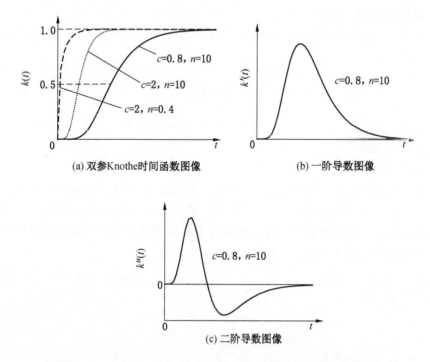

图 2-5   双参 Knothe 时间函数图像及其一阶导数和二阶导数图像

的实际过程。需要指出的是，只有参数 $n > 1$ 时，下沉速度和下沉加速度才具有上述规律，否则，其只会改变图 2-5a 的函数形态，不能改变下沉速度和下沉加速度的形态；另外，在实际应用中，Knothe 时间函数系数 c 不易确定，当又引入另一个参数 n 时，参数确定将更加困难，同时也增加了函数的使用难度。

2.2   正态分布时间函数

确定一个函数是否可以用作动态预计时间函数，首先要清楚地了解地表沉陷随时间的发展变化规律。大量实测数据表明，地表下沉可以分为 3 个阶段：一是地表下沉速度小于或等于 1.67 mm/d 的阶段，称为下沉初始期，此时工作面的开采尺寸一般达到 1/4~1/2 H_0（H_0 为平均开采深度），地表点开始受到采动的影响，下沉量与下沉速度都是从 0 开始逐渐增大的；二是地表下沉速度大于 1.67 mm/d 的阶段，称为下沉活跃期，地表下沉速度快速增加，下沉量迅速增大；三是地表下沉速度又下降到小于 1.67 mm/d 的阶段，称为下沉衰退期，此时地表下沉量依然在增加，但增加缓慢，直至趋于稳定。理想的动态预计时间函数的变化规律必须要与上述地表沉陷过程相符合，具体特点在 2.1.3 节已叙述。

2.2.1 正态分布时间函数

正态分布又称为高斯分布，在物理、数学和工程等领域都有非常广泛的应用，其数学表达式如下：

$$F(x) = \frac{1}{2\sqrt{\pi}\sigma} \int_{-\infty}^{x} e^{-\frac{(x-\mu)^2}{2\sigma^2}} dt \qquad (2-15)$$

式中　　x——变量；

　　　　μ——均值；

　　　　σ——标准差。

正态分布时间函数图像如图2-6a所示，由图2-6可知，其函数值符合时间函数的3个特征，即函数值在0~1之间变化；函数值从0到1有一个迅速增加的阶段；函数值在后半段慢慢趋近于1，直到等于1后不再增加；因此可以初步判断，正态分布时间函数可以作为地表动态预计的时间函数。

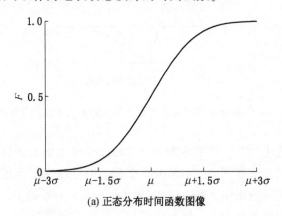

(a) 正态分布时间函数图像

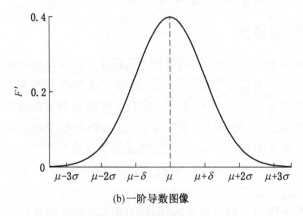

(b) 一阶导数图像

图2-6　正态分布时间函数图像及其一阶导数图像

正态分布时间函数的一阶导数，即正态分布密度函数，其表达式见式（2-16），其二阶导数的表达式见式（2-17）。

$$F'(x) = \frac{1}{\sqrt{2\pi}\,\sigma}e^{-\frac{(x-\mu)^2}{2\sigma^2}} \tag{2-16}$$

$$F''(x) = -\frac{1}{\sqrt{2\pi}\,\sigma^3}(x-\mu)e^{\frac{-(x-\mu)^2}{2\sigma^2}} \tag{2-17}$$

由前面的叙述可知，正态分布时间函数作为时间函数，其一阶导数表示下沉速度的变化趋势，二阶导数表示下沉加速度的变化趋势，函数图像如图2-6b和图2-7所示。

由图2-6b和图2-7可知，正态分布时间函数的下沉速度和下沉加速度完全符合 $0\rightarrow+v_{max}\rightarrow0$、$0\rightarrow+a_{max}\rightarrow0\rightarrow-a_{max}\rightarrow0$ 规律，并且是中心对称的，这与用概率积分法预计时的地表下沉速度和下沉加速度的变化趋势是吻合的，因此，在理论上正态分布时间函数完全可以用于地表下沉动态预计，并且与 Knothe 时间函数和双参 Knothe 时间函数相比，正态分布时间函数更符合实际地表下沉动态预计全过程的规律。

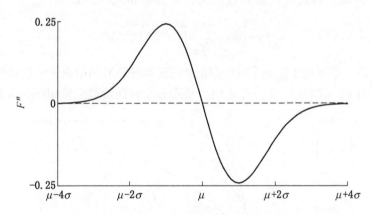

图 2-7　正态分布时间函数二阶导数图像

2.2.2　正态分布时间函数参数的确定

为了建立正态分布时间函数变量 x 与实际开采时间过程之间的关系，定义了 3 个变量：第一个变量用 τ_r 表示，称为延迟时间，是指从工作面开始推进到地表下沉开始显现所经历的时间；第二个变量用 τ_t 表示，是指从工作面开始推进到开采达到充分采动所经历的时间；第三个变量用 τ_s 表示，是指从地表下沉开始显现到开采达到充分采动、地表下沉量刚达到最大值时所经历的时间。为了建立正态分布均值 μ 和标准差 σ、τ_r、τ_s 之间的关系，引入参数 δ（大于零的实数），根据概率分布密度函数的意义：横轴区间（$\mu-\sigma$，$\mu+\sigma$）内包含的面积为 68.27%，横轴区间（$\mu-1.96\sigma$，$\mu+1.96\sigma$）内包含的面积为 95.45%，横轴区间（$\mu-2.58\sigma$，$\mu+2.58\sigma$）内包含的面积为 99.73%。在 τ_r 时刻，地表下沉刚刚开始，其下沉量和下沉速度都趋于 0，参照图 2-6b，可以假设 τ_r 为

$$\tau_r = \mu - \delta\sigma \Rightarrow \sigma = \frac{\mu - \tau_r}{\delta} \tag{2-18}$$

δ 的取值需要根据开采实际情况确定。同理，也可假设 τ_t 为

$$\tau_t = \mu + \delta\sigma \tag{2-19}$$

根据 τ_t 和 τ_s 的定义可得

$$\tau_s = \tau_t - \tau_r = 2\delta\sigma \Rightarrow \sigma = \frac{\tau_s}{2\delta} \tag{2-20}$$

结合式（2-18）和式（2-20）可得

$$\mu = \tau_r + \frac{\tau_s}{2} \tag{2-21}$$

式（2-20）和式（2-21）将均值 μ 和标准差 σ 与开采沉陷时间参数建立了联系。将式（2-20）和式（2-21）代入式（2-15）得式（2-22）。

$$F(t) = \frac{2\delta}{\tau_s\sqrt{2\pi}}\int_{\tau_r}^{t} e^{-\frac{2\delta^2(t-\tau_r-\frac{\tau_s}{2})^2}{\tau_s^2}} \mathrm{d}t \tag{2-22}$$

式（2-22）是可用于地表下沉动态预计的正态分布时间函数，假设延迟时间 $\tau_r = 0$，$\tau_s = 20$（月），当 $\delta = 1$、2、3、4 时，正态分布时间函数图像如图 2-8 所示。

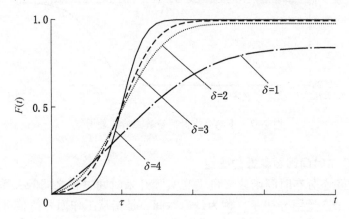

图 2-8　δ 取不同值时正态分布时间函数图像

由图 2-8 可知，当时间参数 δ 取不同值时，时间函数值最终并不都能收敛到 1，随着 δ 值由大到小，时间函数值趋于 1 的误差就越来越大，这说明 δ 值越小，越不

适合作为动态预计的时间函数，因为其不符合时间函数值在 0～1 之间变化这一特点。误差产生的原因是：正态分布时间函数的积分区间是 t_r～t，并不是在 $-\infty$～$+\infty$ 区间内进行积分，根据定义实际应用中 t 的取值为 $\tau_r + \tau_s$。由式（2-20）可知，当 σ 为定值时，δ 越大，τ_s 越大，$\tau_r + \tau_s$ 也越大，因此，积分区间 t_r～t 的区间范围也越大，那么函数值就会越来越趋近于 1。

由分析可知，在进行精度要求不高的动态预计时，参数 δ 可以等于 2，当预测精度要求较高时，δ 大于或等于 3 是可行的，但当 $\delta=1$ 时，不能直接用式（2-22）形式的正态分布时间函数进行动态预计，否则，预计误差将会很大，满足不了工程要求。

2.3 分段 Knothe 时间函数分析及优化

2.3.1 分段 Knothe 时间函数及分析

1. 分段 Knothe 时间函数

针对 Knothe 时间函数在理论上存在的不足，常占强、王金庄通过研究提出用 2 个函数表达式来描述地表点下沉的 2 个阶段，2 个阶段的 Knothe 时间函数表达式如下：

$$\psi_t = \begin{cases} \psi_1(t) = \dfrac{1}{2}\big[\,\mathrm{e}^{-c(\tau-t)} - \mathrm{e}^{-c\tau}\,\big] & 0 < t \leqslant \tau \\[3mm] \psi_2(t) = 1 - \dfrac{1}{2}\big[\,\mathrm{e}^{-c(t-\tau)} + \mathrm{e}^{-c\tau}\,\big] & \tau < t \leqslant T \end{cases} \qquad (2-23)$$

式中　　　　　ψ_t——分段 Knothe 时间函数；

　　$\psi_1(t)$、$\psi_2(t)$——第 1、第 2 阶段地表在任意时刻 t 的下沉时间函数；

　　　　τ——地表出现最大下沉速度的时刻；

　　　　T——2 个阶段的下沉总时间，即从地下工作面开始采动到地表点达到最大下沉量时所经历的总时间；

　　　　c——与上覆岩层物理力学性质有关的时间因素影响系数，其量纲为 $1/a$ 或 $1/d$。

基于式（2-23）的地表下沉动态计算公式可描述为

$$W_t = W_{\mathrm{m}}\psi_t \qquad (2-24)$$

式中　W_t——地表点在 t 时刻的下沉量；

　　W_{m}——地表最大下沉量。

对式（2-24）求一阶导数即表示地表点在 t 时刻的下沉速度 v，求二阶导数即表示地表点在 t 时刻的下沉加速度 a，具体表达式为

$$v = W_{\max}\psi_t' = \begin{cases} W_{\max}\psi_1'(t) = \dfrac{1}{2}W_{\max}\left[ce^{c(t-\tau)}\right] & 0 < t \leqslant \tau \\[3mm] W_{\max}\psi_2'(t) = -\dfrac{1}{2}W_{\max}\left[ce^{c(t-\tau)}\right] & \tau < t \leqslant T \end{cases} \quad (2-25)$$

$$a = W_{\max}\psi_t'' = \begin{cases} W_{\max}\psi_1''(t) = \dfrac{1}{2}W_{\max}\left[c^2e^{c(t-\tau)}\right] & 0 < t \leqslant \tau \\[3mm] W_{\max}\psi_2''(t) = -\dfrac{1}{2}W_{\max}\left[c^2e^{c(t-\tau)}\right] & \tau < t \leqslant T \end{cases} \quad (2-26)$$

对于选定的矿区，$W_{\max}$ 为常数，其只对下沉速度和下沉加速度的数值有影响，对函数曲线的变化形态并没有影响，因此，在绘制式（2-25）、式（2-26）的函数图像时，令常数 $W_{\max}$ 为单位值（下同），那么，分段 Knothe 时间函数图像及其下沉速度和加速度图像如图 2-9 所示。

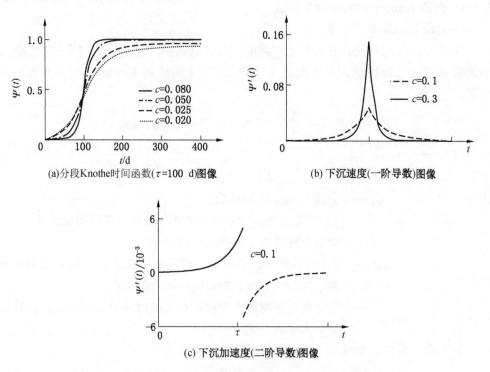

(a) 分段Knothe时间函数(τ=100 d)图像

(b) 下沉速度(一阶导数)图像

(c) 下沉加速度(二阶导数)图像

图 2-9　分段 Knothe 时间函数图像及其下沉速度和下沉加速度图像

2. 分段 Knothe 时间函数分析

由图 2-9a 可知，当参数 τ 取定值时，随着时间系数 c 的增加，时间函数曲线形态不断发生变化，当 c 从 0.02 增加到 0.08 时，时间函数值从较小增加到最大所用的时间越来越短，即曲线的斜率变化逐渐由小到大，反映在下沉速度上为在较短时间内地表的下沉速度由较小值增加到最大值。

如图 2-9b 所示，当 $c = 0.3$ 时，地表下沉速度从 $0 \rightarrow v_{max}$ 所经历的时间占总时间的比例约为 1/10，如果考虑下沉速度从 $v_{max} \rightarrow 0$ 这一过程，那么地表下沉从 $0 \rightarrow v_{max} \rightarrow 0$ 的时间过程占整个时间过程的比例约为 1/5。因此，当开采影响传递到地表后，假设上覆岩层存在"三带"，那么上覆岩层越软，开采深度越小，开采厚度越大，应用分段 Knothe 时间函数进行动态预计时，时间常数 c 的取值就应越大。为了更深入地对分段 Knothe 时间函数进行分析，图 2-10 给出了当 $\tau = 100$ d、$c = 0.02$ 及 $c = 0.03$ 时的函数图像。

由图 2-10 可知，当 $\tau = 100$ d、$c = 0.02$ 及 $c = 0.03$ 时，在最大速度出现的时刻（τ 时刻），函数值均不等于 0.5（在近水平煤层开采时，相关文献和大量实测数据都表明：地表下沉速度在 τ 时刻达到最大值 v_{max} 时，地表下沉曲线出现最大倾斜，地表下沉量 W_{τ} 应为地表最大下沉量 W_{max} 的 1/2，此时的时间函数理论值应为 0.5），并且 τ 取定值时，在 τ 时刻时间函数值随着时间系数 c 的减小偏离 0.5 的插值越来越大。另外，由图 2-10 可知，分段 Knothe 时间函数值在 $c = 0.02$ 时收敛于 0.9323，在 $c = 0.03$ 时收敛于 0.9751，均没有达到 1，且最终的时间函数值随着 c 的减小而减小（τ 取定值时），故用该时间函数进行动态预计将会产生终态预计误差，这是由于实际地表下沉速度在达到相应地质采矿条件下的最大值后，下沉量便不再增加，此时地表下沉量趋于稳定，所对应的时间函数值在理论上应为 1。

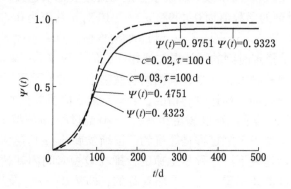

图 2-10 c 取不同值时分段 Knothe 时间函数图像（$\tau = 100$ d）

为了更深入地研究分段 Knothe 时间函数在应用中存在的问题，表 2-1 给出了当 τ 和 c 不同组合时 τ 时刻分段时间函数的函数值、函数的最终收敛值，同时给出了当 τ 和 c 不同组合时，τ 时刻和下沉达到最大时刻的预计误差。

表 2-1　τ 和 c 不同组合时分段函数 τ 时刻的函数值、收敛值及预计误差

τ/d	c	τc	τ 时刻函数值	函数收敛值	τ 时刻预测误差/%	终态预测误差/%
100	0.080	8.0	0.4998	0.9998	0.04	0.02
100	0.050	5.0	0.4966	0.9966	0.68	0.34
100	0.025	2.5	0.4589	0.9589	8.22	4.11
100	0.020	2.0	0.4323	0.9323	13.54	6.77
100	0.010	1.0	0.3161	0.8069	36.78	18.39
200	0.040	8.0	0.4998	0.9998	0.04	0.02
200	0.025	5.0	0.4966	0.9966	0.68	0.34
200	0.010	2.0	0.4323	0.9323	13.54	6.77
200	0.005	1.0	0.3161	0.8069	36.78	18.39

　　由表 2-1 可知，当时间常数 $\tau = 100$ d 时，在 τ 时刻 $c = 0.080$ 时分段 Knothe 时间函数值为 0.4998，$c = 0.020$ 时分段 Knothe 时间函数值为 0.4323，函数收敛值分别为 0.9998 和 0.9323。相应的，在 τ 时刻理论预测误差分别为 0.04% 和 13.54%，地表移动稳定后的相对预测误差分别为 0.02% 和 6.77%。这说明应用该时间函数进行预测，τ 取定值时，随着时间系数 c 的减小，预测误差会越来越大。另外，当 $\tau = 200$ d、$c = 0.040$ 时 τ 时刻的函数值为 0.4998，$c = 0.010$ 时函数值为 0.4323，函数收敛值分别为 0.9998 和 0.9323。这表明不论 τ 和 c 如何取值，只要参数 τ 与 c 的乘积不变，在 τ 时刻和地表移动稳定时刻的预计误差便相同，但会随着它们乘积的改变而改变，乘积越小，预测误差就越大，反之，预测误差就越小。在实际预测中，τ 值通常是一个常数，因此，要提高动态预计时的精度，合理选取 c 值至关重要。

　　由图 2-9b 可知，其下沉速度满足 $0 \rightarrow v_{max} \rightarrow 0$ 的过程，c 值越小，其下沉速度曲线变化越平缓，表示地表下沉过程是缓慢的、逐渐发展的；c 值越大，其下沉速度曲线变化越剧烈，表示地表下沉过程是迅速的，即在较短时间内就达到地表下沉最大值；从函数下沉速度曲线来看，它是左右对称的，即从 $0 \rightarrow v_{max}$ 及从 $v_{max} \rightarrow 0$ 所经历的时间相等。由图 2-9c 可知，分段 Knothe 时间函数的下沉加速度曲线并不满足 $0 \rightarrow + a_{max} \rightarrow 0 \rightarrow - a_{max} \rightarrow 0$ 规律，虽然在第一阶段其下沉速度满足 $0 \rightarrow + a_{max}$，在第二阶段满足 $- a_{max} \rightarrow 0$ 规律，但由于该时间函数是分段函数，导致下沉加速度函数图形不连续。

2.3.2　分段 Knothe 时间函数模型优化

　　由上述分析可知，分段 Knothe 时间函数模型主要存在 2 个问题：①在 τ 时刻，

函数值不等于理论值0.5，在实际预测中采用该时间函数进行预计，在 τ 时刻就会出现预测误差，同时也会影响整个预计过程的精度，并且这种偏差会随着 τ 和 c 乘积的减小而增大，只有当 τ 和 c 的乘积大于一定数值时才可以有效地减小这种误差，这就限制了该时间函数在不同地质采矿条件下进行动态预计的适用性；②当 τ 与 c 的乘积较小时分段 Knothe 时间函数值并不是收敛到1，而是收敛到小于1的值，并且 τ 与 c 的乘积越小，收敛值与1的偏差就越大，这会降低其对地表最大（终态）卜沉量的预计精度。

1. 优化思想

为探究上述问题产生的根源，首先需要对 Knothe 时间函数进行深入分析，Knothe 时间函数的表达式为

$$K(t) = 1 - e^{-ct} \qquad (2-27)$$

Knothe 时间函数图像如图 2-11a 所示。

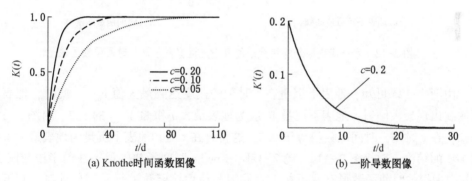

(a) Knothe时间函数图像 (b) 一阶导数图像

图 2-11 Knothe 时间函数图像及其一阶导数图像

Knothe 时间函数前提假设是：地表下沉速度与地表终态下沉量 W_0 和某一时刻 t 的动态下沉量 W_t 与终态下沉量 W_0 之差成正比。由大量文献分析可知：时间函数的一阶导数与最大下沉量的乘积表示下沉速度 v，二阶导数与最大下沉量的乘积表示下沉加速度 a，Knothe 时间函数的一阶导数和二阶导数的函数表达式见式（2-28）、式（2-29），下沉速度 v 的函数图像如图 2-11b 所示。

$$v = W_m K'(t) = W_m c e^{-ct} \qquad (2-28)$$

$$a = W_m K''(t) = -W_m c^2 e^{-ct} \qquad (2-29)$$

由图 2-11a 可知，Knothe 时间函数的函数值虽然随着 c 值的减小从 $0 \to 1$ 的时间过程逐渐增大，但在开始阶段，时间函数值增速过快，在较短时间内达到较大值。由图 2-11b 可知，地表下沉速度在开始时便达到最大值，然后逐渐减小到0，这与地表下沉的实际过程并不符合。地表下沉的实际过程应该是：当采动影响传递到地

表后，地表下沉和变形有一个缓慢的发展阶段，经过一定时间，其下沉速度逐渐达到最大值，再由最大值逐渐减小到 0，直至地表下沉与变形趋于稳定。根据对概率积分法影响函数模型和大量实测数据分析可知，对于由水平和缓倾斜煤层开采所引起的地表下沉而言，理论上其下沉曲线的形态应如图 2-12a 所示，相对应的时间函数图像如图 2-12b 所示。

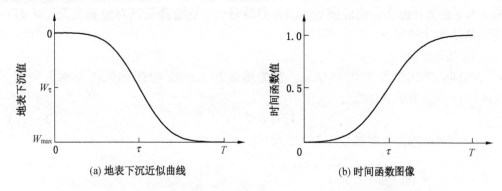

(a) 地表下沉近似曲线　　　　　　　　(b) 时间函数图像

图 2-12　水平或缓倾斜煤层开采地表下沉近似图形及其时间函数图像

由图 2-12a 可知，地表下沉量在 τ 时刻的速度达到最大值 v_{max} ，此时，地表下沉曲线出现最大倾斜，地表下沉量 W_τ 应为地表最大下沉量 W_{max} 的 1/2。由图 2-12b 可知，在 τ 时刻，时间函数值等于 0.5，这符合在 τ 时刻地表下沉量为地表最大下沉量 1/2 的结论。对比图 2-11a、图 2-12b，Knothe 时间函数的形态在前半段与图 2-12b 中理想的时间函数形态并不相似，原因是使用该函数进行动态预计时，其下沉速度和下沉加速度与实际情况不相符。由上述分析可知，如果使图 2-11a 中 Knothe 时间函数后半段曲线形态保持不变，改变其前半段曲线形态使其与图2-12b中 $0 \rightarrow \tau$ 时刻的函数形态相一致，就可以在理论上提高其在 $0 \rightarrow \tau$ 时刻的预测精度，并扩展其适用范围。

2. 优化过程

1）产生原因

为使 Knothe 时间函数前半段曲线形态与图 2-12b 中 $0 \rightarrow \tau$ 时刻的函数形态相一致，将 Knothe 时间函数在地表下沉速度达到最大值的时刻（τ 时刻）分为 2 段，这是建立分段 Knothe 时间函数的基本思想，分段后的函数形式为

$$\phi_t = \begin{cases} \phi_1(t) = \dfrac{1}{2} \big[e^{-c(\tau-t)} \big] & 0 < t \leqslant \tau \\[2mm] \phi_2(t) = 1 - \dfrac{1}{2} \big[e^{-c(t-\tau)} \big] & \tau < t \leqslant T \end{cases} \qquad (2-30)$$

式（2-30）的函数形态如图 2-13 所示。

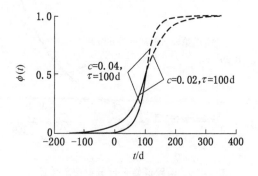

图 2-13　函数图像

由图 2-13 可以看出，将分段 Knothe 时间函数进行分段表达后，其函数值在 0 时刻并不等于 0，这与时间函数的特征不相符，如果采用该时间函数进行动态预计，当 τ 取定值时，随着 c 值的增大在 0 时刻的误差就会越大，这同样会影响预计精度。为了便于研究，首先对前半段（ $0 \to \tau$ 时刻）的分段 Knothe 时间函数进行分析，在直角坐标系中，以时间起点为 $-60\,\mathrm{d}$ 和 $0\,\mathrm{d}$ 绘出其函数图像，如图 2-14 所示。

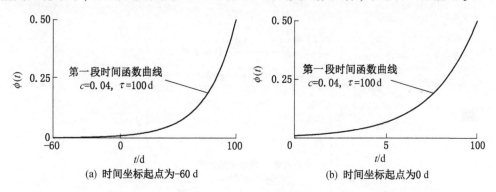

(a)　时间坐标起点为-60 d　　　　　　　(b)　时间坐标起点为0 d

图 2-14　横坐标起点不同时第一段 Knothe 时间函数图像

结合图 2-14b、式（2-30）可知，时间函数在 0 时刻（ $t=0$ ）处的函数值为 $0.5\mathrm{e}^{-c\tau}$，如果使 $t=0$ 时，$\phi_t = 0$，$\phi_1(t)$ 的函数值应修正 $0.5\mathrm{e}^{-c\tau}$，具体表达式如下：

$$\phi_1(t) = 0.5\left[\mathrm{e}^{-c(\tau-t)} - \mathrm{e}^{-c\tau}\right] \quad 0 < t \leqslant \tau \tag{2-31}$$

其函数图像如图 2-15 所示。

由图 2-15 可知，虽然经过修正后，时间函数值在 $t=0$ 处被修正为理论值 0，但在 τ 时刻也进行了同样大小的修正，其时间函数值并不等于理论值 0.5，当采用式（2-32）表示第二段时间函数时，其函数值最终也不能收敛到 1。

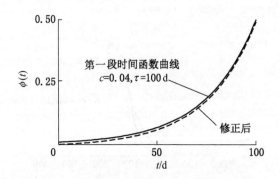

图 2-15　函数值修正后时间函数图像

$$\phi_2(t) = 1 - \frac{1}{2}\left[e^{-c(t-\tau)} + e^{-c\tau}\right] \quad \tau < t \leqslant T \tag{2-32}$$

2) 解决方法

为了解决上述问题，令 $\delta = 0.5e^{-c\tau}$，构造式（2-33）的误差修正模型，以此模型对式（2-31）进行修正，修正后的公式见式（2-34），函数图像如图 2-16 所示。

$$\varepsilon(t) = \begin{cases} \delta & t = 0 \\ \dfrac{(\tau - t)\delta}{\tau} & 0 < t \leqslant \tau \end{cases} \tag{2-33}$$

$$\phi_1(t) = 0.5\left[e^{-c(\tau-t)} - \frac{(\tau - t)e^{-c\tau}}{\tau}\right] \quad 0 < t \leqslant \tau \tag{2-34}$$

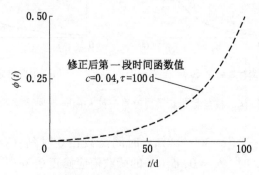

图 2-16　修正后时间函数图像（第一段）

对比图 2-15、图 2-16 中的虚线可知，采用误差修正模型式（2-33）对式（2-31）进行调整后，前半段时间函数曲线形态符合理论要求。对第一段时间函数进行误差调整后，整个分段时间函数表达式见式（2-35），函数图像如图2-17所示。

$$\phi_t = \begin{cases} \phi_1(t) = 0.5\left[\mathrm{e}^{-c(\tau-t)} - \dfrac{(\tau-t)\mathrm{e}^{-c\tau}}{\tau}\right] & 0 \leqslant t \leqslant \tau \\[3mm] \phi_2(t) = 1 - 0.5\left[\mathrm{e}^{-c(t-\tau)} + \dfrac{(t-\tau)\mathrm{e}^{-c\tau}}{\tau}\right] & \tau < t \leqslant T \end{cases} \qquad (2-35)$$

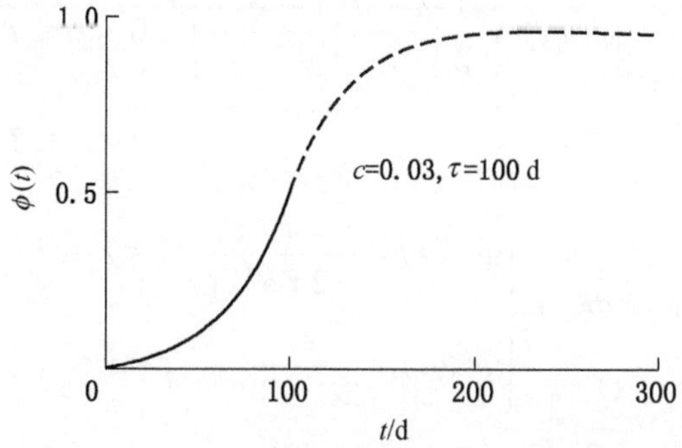

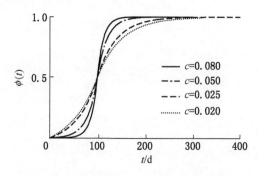

图2-17　前半段修正后整体时间函数图像

由图2-17可知，经过前半段误差修正后的分段时间函数，在分段点时刻虽然时间函数值被修正为0.5，符合理论要求，但第二段时间的函数值最终仍未收敛到理论值1，并且随着预计时间的增加，其偏离1越来越大，同样采用上半段误差修正方法，进行再修正加以解决，修正后的时间函数模型见式（2-36），化简后见式（2-37），式（2-37）便是经过优化改进后的分段Knothe时间函数模型，函数图像如图2-18所示。使用该公式进行动态预计时，假设W_m为单位值，其相应的下沉速度和下沉加速度的表达式分别见式（2-38）和式（2-39）。

图2-18　整体修正后时间函数图像

$$\phi_t = \begin{cases} \phi_1(t) = 0.5 \left[e^{-c(\tau-t)} - \dfrac{(\tau-t) e^{-c\tau}}{\tau} \right] & 0 \leqslant t \leqslant \tau \\[3mm] \phi_2(t) = 1 - 0.5 \left[e^{-c(t-\tau)} - \dfrac{(t-\tau) e^{-c\tau}}{\tau} \right] - 0.5 \dfrac{(t-\tau) e^{-c\tau}}{\tau} & \tau < t \leqslant T \end{cases}$$

$$(2-36)$$

对式（2-36）进行化简，可得

$$\Phi_t = \begin{cases} \Phi_1(t) = \dfrac{1}{2} \left[\dfrac{t - \tau(1 - e^{ct})}{\tau \, e^{ct}} \right] & 0 < t \leqslant \tau \\[3mm] \Phi_2(t) = 1 - \dfrac{1}{2} e^{c(\tau-t)} & \tau < t \leqslant T \end{cases} \qquad (2-37)$$

$$v_t = \Phi'_t = \begin{cases} \Phi'_1(t) = \dfrac{1 + c \tau \, e^{ct}}{2 \tau \, e^{ct}} & 0 < t \leqslant \tau \\[3mm] \Phi'_2(t) = \dfrac{c}{2 e^{c(t-\tau)}} & \tau < t \leqslant T \end{cases} \qquad (2-38)$$

$$a_t = \Phi''_t = \begin{cases} \Phi''_1(t) = \dfrac{c^2 e^{ct}}{2 e^{ct}} & 0 < t \leqslant \tau \\[3mm] \Phi''_2(t) = \dfrac{-c^2}{2 e^{c(t-\tau)}} & \tau < t \leqslant T \end{cases} \qquad (2-39)$$

由图 2-18 可知，经过 2 步修正后的分段 Knothe 时间函数曲线与图 2-12b 所示的理想时间函数曲线形态相似，通过与图 2-10 对比可知，修正后的时间函数无论 τ 和 c 如何取值，其函数值在 τ 时刻均等于理论值 0.5，并且最终的时间函数值均收敛到 1，从而解决了原时间函数在应用中存在的理论问题。

3　基于优化时间函数的动态预计模型构建

地表移动变形的大小与地下矿体开采后所经历的时间长短有直接关系。矿山开采引起的地表移动变形的动态变化过程，主要是指地表移动变形随时间的发展变化规律。本章采用分段 Knothe 时间函数和概率积分模型，详细阐述了地表移动变形动态预计原理；讨论了矩形工作面动态开采单元的划分方法、时间函数参数的确定方法，以及各动态开采单元所对应的时间函数值的求取方法；建立了矩形工作面走向主断面、倾向主断面及地表任意点的动态预计函数模型。

3.1　地表动态移动变形过程

大量实测数据和相关研究成果都揭示：不同矿区，地表和岩层从受采动影响开始移动到移动趋于稳定所经历的时间是不同的。对于煤炭开采，这个过程最短为 6 个月，最长可持续 5 年，对于其他矿床这个时间可能远大于 5 年，如钾盐矿开采，据有关资料统计地表移动变形所经历的时间达到 100 年以上。实际上，地表和岩层各点的移动变形不但与其所处的空间位置有关，还与矿床的埋深、上覆岩层性质、开采速度、顶板控制方法等有密切关系。总体上，地表整个动态移动过程通常可以划分为初始阶段、活跃阶段、衰退阶段。初始阶段（第一阶段）：是指将地表下沉至 10 mm 作为地表下沉时间的起点，到地表点下沉速度达到 50 mm/月这一过程。对于初次开采，把地表下沉至 10 mm 时所对应的开采宽度称为起动距，只有当采宽达到起动距时，地表点才会受到采动影响。活跃阶段（第二阶段）：是指地表下沉速度大于 50 mm/月的整个过程。在这个过程中受影响的地表点的移动变形最大，因此对建（构）筑物的损害也最大。当某一矿区的开采影响波及地表时，地表点都会经历移动变形活跃期。衰退阶段（第三阶段）：当地表下沉速度重新下降到 50 mm/月直至 5 mm/月为止，国内的开采实践和建筑物建设实践表明，当地表的下沉速度小于 3 mm/月时可以在地表进行建筑物建设。

1984 年美国学者 S. S. 彭的研究已经证实，无论工作面的开采方式或顶板控制方式如何，地表沉陷与开采时间都密切相关。早期学者主要从工程实用实际出发来研究地表移动时间过程，并提出了"时间系数"的概念，地表点的瞬间下沉量可以用时间系数乘该点的最终下沉量获得。1984 年，德国学者克拉茨通过研究指出：鲁尔煤田的时间系数第一年为 0.75，第二年为 0.15，第三年为 0.05，第四年为 0.03，第五年为 0.02。事实上，不同矿区的时间系数是不同的，即使同一矿区，由于开采深度、开采速度、顶板控制方法等不同，时间系数也是不同的。联邦德国于 1951 年发布的工业标准给出的时间系数 C 的表达式如下：

$$c = \frac{W_{动}}{W_{终}} = \frac{移动过程中的（动态）下沉量}{最终下沉量} \qquad (3-1)$$

基于上述假设，很多学者进行了大量研究，发展了多种可用于地表移动变形动态预计的时间函数，Knothe 时间函数便是其中的一种，在国内外得到了大量应用。

3.2　地表沉陷动态移动变形计算原理与方法

在进行地表动态预计之前，首先要按照一定的方法对开采单元进行合理划分。划分方法主要包括：有效尺寸分割法和周期来压步距法，即沿着工作面走向，将开采长度划分为 n 个开采区间，当在某个时刻进行动态预计时，由于每个开采区间的大小可能不同，所以开采后对地表的影响程度也不同，同时，由于每个区间开采后所经历的时间长短不同，因此，其对预计时刻地表移动变形的影响也会不同。根据动态预计时间函数定义和概率积分法原理，结合单元开采影响叠加原理，在预计时刻整个地表移动变形值可以由 n 个开采区间独立开采时的地表动态移动变形值进行叠加求得。

在动态预计过程中，通常按照开采单元的回采时间或开采长度来划分动态预计区间，如果将开切眼处的开采时间定义为起点时刻 0，第一个开采单元的开采速度定义为 v_1，开采时间为 t_1，则第一个开采单元的回采长度为 $v_1 t_1$；如果将第 n 个开采单元的开采速度定义为 v_n，开采时间定义为 t_n，那么第 n 个开采单元的回采长度为 $v_n t_n$，当第 n 个动态单元开采后，每个单元对地表点下沉的影响及所有单元开采对地表点下沉的总影响可用图 3-1 进行简要说明。

假设进行动态预计的时刻为 t，则第一个开采单元采出后，其对地表点的影响所经历的时间为 t，由于其最先开采，所经历的时间最长，因此其对地表点的影响也最大。图 3-1 中的 w_1 曲线表示 $0 \sim t$ 这段时间内，工作面开采 $v_1 t_1$ 大小时地表点下沉曲线；相应的，第二个单元采出后对地表影响的时间为 $t - t_1$，和第一个单元相比，其对地表点的影响时间相对较短，对应的地表下沉曲线如 w_2 所示，其下沉的充分性较 w_1 有所减小。依次可知，第 n 个单元采出后对地表的影响时间为 $t - t_1 - t_2 - \cdots - t_{n-1}$，其所对应的地表下沉曲线如 w_n 所示，n 个单元全部采出后的地表曲线如 w_t 所示。根据上述分析和动态预计时间函数原理，可以推导出第一个～第 n 个单元开采对地表点影响的时间函数值计算公式。

第一个单元时间函数值计算公式如下：

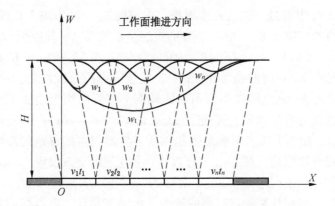

图 3-1 动态单元开采对地表点下沉的动态影响图

$$\Phi(t) = \begin{cases} \Phi_1(t) = \dfrac{1}{2}\left[\dfrac{t - \tau(1 - e^{ct})}{\tau\,e^{ct}}\right] & 0 < t \leqslant \tau \\[3mm] \Phi_2(t) = 1 - \dfrac{1}{2}e^{c(\tau - t)} & \tau < t \leqslant T \end{cases} \tag{3-2}$$

第二个单元时间函数值计算公式如下：

$$\Phi(t - t_1) = \begin{cases} \Phi_1(t - t_1) = \dfrac{1}{2}\left\{\dfrac{t - t_1 - \tau[1 - e^{c(t-t_1)}]}{\tau\,e^{ct}}\right\} & 0 < t \leqslant \tau \\[3mm] \Phi_2(t - t_1) = 1 - \dfrac{1}{2}e^{c(\tau - t + t_1)} & \tau < t \leqslant T \end{cases} \tag{3-3}$$

······

第 n 个单元时间函数值计算公式如下：

$$\Phi(t - t_1 - \cdots - t_{n-1}) = \begin{cases} \Phi_1\left(t - \displaystyle\sum_1^{n-1} t_i\right) = \dfrac{1}{2}\left\{\dfrac{t - \displaystyle\sum_1^{n-1} t_i - \tau[1 - e^{c(t - \sum_1^{n-1} t_i)}]}{\tau\,e^{ct}}\right\} & 0 < t \leqslant \tau \\[5mm] \Phi_2\left(t - \displaystyle\sum_1^{n-1} t_i\right) = 1 - \dfrac{1}{2}e^{c(\tau - t + \sum_1^{n-1} t_i)} & \tau < t \leqslant T \end{cases}$$

$$\tag{3-4}$$

3.2.1 矩形工作面走向主断面动态预计公式的建立

工作面动态单元开采属于有限开采范畴，可以采用有限开采的原理和计算公式进行计算。如图 3-2 所示，假设倾向开采已达到充分采动，走向开采的实际边界为 $A \sim B$ 所示的区域，如果考虑顶板悬臂作用所产生的拐点偏移距的影响，预计时将坐标原点设在图3-2中 C 处（S_3 为左边界拐点偏移距），x 轴指向工作面推进方向，y 轴垂直于 x 轴指向煤层上方。如果 $x>0$ 的煤层全部被采出，其所引起的地表沉降如图3-2中 $W(x)$ 曲线所示，假设 AB 之间的煤层没有开采，而 $x>AB$ 的煤层全部被采出，其所引起的地表沉降曲线为 $W(x-l)$，反号后的下沉曲线如图3-2中 $-W(x-l)$ 曲线所示，那么开采 AB 之间煤层所引起的地表下沉可以用上述2个半无限开采所引起的地表下沉进行叠加求取，即 $W^0(x) = W(x) - W(x-l)$，叠加后下沉曲线如 $W^0(x)$ 所示。如果不考虑顶板悬臂作用所产生的拐点偏移距的影响，将预计时的坐标原点设在开切眼处（图3-2中竖直虚线和煤层的交点位置），那么开采 AB 之间煤层所引起的地表下沉用 $W^0(x) = W(x) - W(x-D_3)$ 计算。

动态预计时，如何计算给定时刻的地表下沉动态预计。假设煤层在倾向上已达到充分采动，以开切眼煤壁与煤层下边界的交点为坐标原点，以垂直于开切眼煤壁的竖直线为坐标纵轴（表示地表点的下沉量，用 W 表示），以平行于煤层底板并指向采空区的水平线为 x 轴，根据有限开采时地表移动变形计算原理，当仅开采第一个工作单元时，其对地表点的下沉影响为 $W_1(x_1)$，仅开采第二个工作单元时，由于此单元的起点 x 坐标为 $v_1 t_1$，终点 x 坐标为 $v_2 t_2$，根据上述有限开采叠加计算原理可以计算其对地表点的下沉影响为 $W_2(x_2)$，仅开采第 n 个工作单元时则为 $W_n(x_n)$。

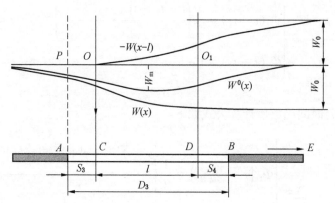

图3-2　有限开采地表走向主断面预计叠加原理

1. 不考虑拐点偏移距的影响

$$W_1(x) = W(x) - W(x - v_1 t_1) \tag{3-5}$$

式中　x ——地表任意点的横坐标。

$$W_2(x) = W(x - v_1 t_1) - W(x - v_1 t - v_2 t_2) \tag{3-6}$$

$$\vdots$$

$$W_n(x) = W(x - v_1 t_1 - \cdots - v_{n-1} t_{n-1}) - W(x - v_1 t_1 - \cdots - v_{n-1} t_{n-1} - v_n t_n) \tag{3-7}$$

$$W(x) = \frac{W_0}{2}\left[erf\left(\frac{\sqrt{\pi}}{r} x\right) + 1 \right] \tag{3-8}$$

式中 W_0——预计矿区地表最大下沉量。

2. 考虑拐点偏移距的影响

假设井采矿区的工作面左边界拐点偏移距用 s_3 表示，右边界拐点偏移距用 s_4 表示，如果仍按上面的方法建立动态预计的坐标系，那么上述公式可改写为

$$W_1(x) = W(x - s_3) - W[x - s_3 - (v_1 t_1 - s_3)]$$

$$= W(x - s_3) - W(x - v_1 t_1) \tag{3-9}$$

$$W_2(x) = W(x - v_1 t_1) - W(x - v_1 t_1 - v_2 t_2) \tag{3-10}$$

$$\vdots$$

$$W_n(x) = W(x - v_1 t_1 - \cdots - v_{n-1} t_{n-1}) - W[x - (v_1 t_1 + \cdots + v_{n-1} t_{n-1} + v_n t_n - s_4)] \tag{3-11}$$

无论是否考虑拐点偏移距的影响，上述计算都是指每个单元开采后，对地表点下沉影响的终态预计公式。在某个预计时刻 t，由于每个开采单元对地表点的影响时间不同，因此，并不能用终态预计公式直接进行叠加计算，而是需要将每个单元的终态影响乘相应的时间函数，作为每个独立开采单元在 t 时刻对地表点的动态影响，然后将所有单元的动态影响进行叠加求和计算，即可得出该预计时刻的地表下沉动态预计公式。以考虑拐点偏移距的影响为例（如果不考虑拐点偏移距的影响，可以将拐点偏移距设为 0），给出了动态下沉预计公式，具体公式如下：

$$W(x, t) = \varPhi(t)[W(x - s_3) - W(x - v_1 t_1)] +$$

$$\varPhi(t - t_1)[W(x - v_1 t_1) - W(x - v_1 t_1 - v_2 t_2)] +$$

$$\varPhi(t - t_1 - t_2)[W(x - v_1 t_1 - v_2 t_2) - W(x - v_1 t_1 - v_2 t_2 - v_3 t_3)] + \cdots +$$

$$\varPhi(t - t_1 - t_2 - \cdots - t_{n-1})\{W(x - v_1 t_1 - \cdots - v_{n-1} t_{n-1}) -$$

$$W[x - (v_1 t_1 + \cdots + v_{n-1} t_{n-1} + v_n t_n - s_4)]\} \tag{3-12}$$

实际开采时，如果每天的开采速度相等均为 v_d，开采时间相同均为 t_d，则 $v_1 = v_2 = \cdots = v_n = v_d$、$t_1 = t_2 = \cdots = t_n = t_d$，上述计算公式可重写为

$$W(x, t) = \varPhi(t)[W(x - s_3) - W(x - v_d t_d)] +$$

$$\varPhi(t - t_d)[W(x - v_d t_d) - W(x - 2v_d t_d)] +$$

$$\varPhi(t - 2t_d)[W(x - 2v_d t_d) - W(x - 3v_d t_d)] + \cdots +$$

$$\varPhi[t - (n-1)t_d]\{W[x - (n-1)v_d t_d] -$$

$$W[x - nv_d t_d + s_4]\} \tag{3-13}$$

需要指出：当预计时刻 $t = t_1 + t_2 + \cdots + t_i$ 时，表示工作面已经开采了从第 1~第 i 个单元，此时的动态预测结果是 t 时刻第 1~第 i 个单元采出后对地表点的总影响。当 $t \geq t_1 + t_2 + \cdots + t_n$ 时，表示所有单元均已采出，计算结果表示的是 n 个工作面都采出后，t 时刻地表下沉动态预计值。

式（3-12）和式（3-13）分别是当开采速度不同及相同时的地表下沉动态预计公式，地表变形如倾斜 i、曲率 K、水平移动 U、水平变形 ε 等，可按照地表下沉与地表变形之间的关系逐一求取，以开采速度不同时为例，具体公式如下：

$$i(x) = \frac{\mathrm{d}W(x)}{\mathrm{d}x} = \frac{W_0}{r}\mathrm{e}^{-\pi\frac{x^2}{r^2}} \tag{3-14}$$

$$K(x) = \frac{\mathrm{d}i(x)}{\mathrm{d}x} = -\frac{2\pi W_0}{r^3}x\mathrm{e}^{-\pi\frac{x^2}{r^2}} \tag{3-15}$$

$$U(x) = bri(x) \tag{3-16}$$

$$\varepsilon(x) = \frac{\mathrm{d}U(x)}{\mathrm{d}x} = brK(x) \tag{3-17}$$

式中，$i(x)$、$K(x)$、$U(x)$、$\varepsilon(x)$ 分别表示半无限开采时，横坐标为 x 的地表点的倾斜、曲率、水平移动和水平变形；b 为水平移动系数；r 为主要影响半径。按照地表下沉动态预计公式推导方法，可以得到地表动态预计时的倾斜、曲率、水平移动和水平变形计算公式，具体公式如下：

$$
\begin{aligned}
i(x, t) =\ & \Phi(t)\left[i(x - s_3) - i(x - v_1 t_1)\right] + \\
& \Phi(t - t_1)\left[i(x - v_1 t_1) - i(x - v_1 t_1 - v_2 t_2)\right] + \\
& \Phi(t - t_1 - t_2)\left[i(x - v_1 t_1 - v_2 t_2) - i(x - v_1 t_1 - v_2 t_2 - v_3 t_3)\right] + \cdots + \\
& \Phi(t - t_1 - t_2 - \cdots - t_{n-1})\left[i(x - v_1 t_1 - v_2 t_2 - \cdots - v_{n-1}t_{n-1}) - \right. \\
& \left. i(x - v_1 t_1 - v_2 t_2 - \cdots - v_n t_n + s_4)\right]
\end{aligned} \tag{3-18}
$$

$$
\begin{aligned}
K(x, t) =\ & \Phi(t)\left[K(x - s_3) - K(x - s_3 - v_1 t_1)\right] + \\
& \Phi(t - t_1)\left[K(x - v_1 t_1) - K(x - v_1 t_1 - v_2 t_2)\right] + \\
& \Phi(t - t_1 - t_2)\left[K(x - v_1 t_1 - v_2 t_2) - K(x - v_1 t_1 - v_2 t_2 - v_3 t_3)\right] + \cdots + \\
& \Phi(t - t_1 - t_2 - \cdots - t_{n-1})\left[K(x - v_1 t_1 - v_2 t_2 - \cdots - v_{n-1}t_{n-1}) - \right. \\
& \left. K(x - v_1 t_1 - v_2 t_2 - \cdots - v_n t_n + s_4)\right]
\end{aligned} \tag{3-19}
$$

$$
\begin{aligned}
U(x, t) =\ & \Phi(t)\left[U(x - s_3) - U(x - s_3 - v_1 t_1)\right] + \\
& \Phi(t - t_1)\left[U(x - v_1 t_1) - U(x - v_1 t_1 - v_2 t_2)\right] + \\
& \Phi(t - t_1 - t_2)\left[U(x - v_1 t_1 - v_2 t_2) - U(x - v_1 t_1 - v_2 t_2 - v_3 t_3)\right] + \cdots + \\
& \Phi(t - t_1 - t_2 - \cdots - t_{n-1})\left[U(x - v_1 t_1 - v_2 t_2 - \cdots - v_{n-1}t_{n-1}) - \right. \\
& \left. U(x - v_1 t_1 - v_2 t_2 - \cdots - v_n t_n + s_4)\right]
\end{aligned} \tag{3-20}
$$

$$
\begin{aligned}
\varepsilon(x, t) = &\, \Phi(t) \big[\varepsilon(x - s_3) - \varepsilon(x - s_3 - v_1 t_1) \big] + \\
&\, \Phi(t - t_1) \big[\varepsilon(x - v_1 t_1) - \varepsilon(x - v_1 t_1 - v_2 t_2) \big] + \\
&\, \Phi(t - t_1 - t_2) \big[\varepsilon(x - v_1 t_1 - v_2 t_2) - \varepsilon(x - v_1 t_1 - v_2 t_2 - v_3 t_3) \big] + \cdots + \\
&\, \Phi(t - t_1 - t_2 - \cdots - t_{n-1}) \big[\varepsilon(x - v_1 t_1 - v_2 t_2 - \cdots - v_{n-1} t_{n-1}) - \\
&\, \varepsilon(x - v_1 t_1 - v_2 t_2 - \cdots - v_n t_n + s_4) \big]
\end{aligned}
\tag{3-21}
$$

3.2.2 矩形工作面倾向主断面动态预计公式的建立

假设煤层沿走向方向已达到充分采动，在倾向方向上为有限开采，那么在倾向主断面上的地表移动变形可用等影响原理进行计算，虽然等影响原理具有一定的近似性，但根据工程实践可知，其计算精度能够满足工程要求。倾向主断面等影响原理示意如图 3-3 所示，AB 为实际开采边界，由于下山方向拐点偏移距 S_1 和上山方向拐点偏移距 S_2 的存在，CD 即为 AB 煤层开采的计算边界。

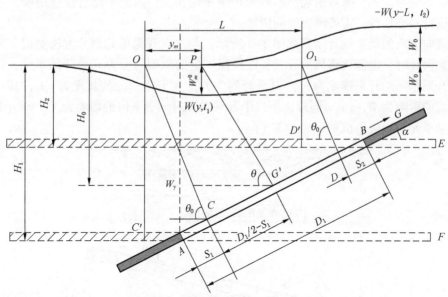

图 3-3 倾向主断面等影响原理示意图

在实际计算中，可以将坐标原点设在 O 处，也可以将坐标原点设在 P 处（过 A 点的铅垂线和地面的交点，即过 A 点的数值虚线和 OO_1 的交点）。将坐标原点设在 P 处，以虚线为纵坐标轴 W，垂直向下，用来表示地表下沉；y 轴沿地表指向上山方向，用来表示地表点的位置。假设在倾向方向上开采 AB 之间的煤层，如果考虑拐点偏移距的影响，根据等影响原理，$C'F$ 开采对地表移动和变形的影响与倾向上 CG 开采的影响相同，$D'E$ 开采的影响与 DG 开采的影响相同。如果用 $W^0(y)$ 表示 AB 之间煤层开采所引起的地表下沉，则 $W^0(y)$ 可用下式计算：

$$W^0(y) = W(y - AC'; \ t_1) - W(y - AC' - L; \ t_2) \tag{3 - 22}$$

$$AC' = (H_1 - s_1 \sin\alpha)\cot\theta_0 - s_1\cos\alpha \tag{3 - 23}$$

$$L = (D_1 - s_1 - s_2)\frac{\sin(\theta_0 + \alpha)}{\sin\theta_0} \tag{3 - 24}$$

$$W(y) = \frac{W_0}{2}\left[\mathrm{erf}\left(\frac{\sqrt{\pi}}{r}y\right) + 1\right] \tag{3 - 25}$$

式中, t_1 和 t_2 分别表示进行计算时需要代入下山边界相应的参数和上山边界相应的参数, H_1 为下山方向开采深度, D_1 为煤层 AB 的长度, s_1 为下山方向拐点偏移距, s_2 为上山方向拐点偏移距, θ_0 为开采影响传播角, α 为煤层倾角, W_0 为预计矿区地表最大下沉量, y 为地表任意点的横坐标。上述公式是煤层 AB 开采后地表下沉静态预计公式, 当进行动态预计时, 由于每个开采单元在开采后所经历的时间不同, 其对地表移动变形的影响与单元开采后所经历的时间长短密切相关, 因此不能直接应用静态预计公式进行动态预计, 需要考虑时间因素。

倾向方向的动态预计示意如图 3-4 所示, 与走向开采单元划分方法类似, 在进行动态预计时, 也需要将倾向开采长度按照一定的原则划分为 n 个开采单元, 假设每个开采单元的开采速度为 v_1, 开采时间为 t_1, 则开采单元的长度为 v_1t_1, 其对地表下沉的影响为 $W_1(y)$, 同理, 第二个开采单元对地表下沉的影响为 $W_2(y)$, 第 n 个开采单元对地表下沉的影响为 $W_n(y)$。

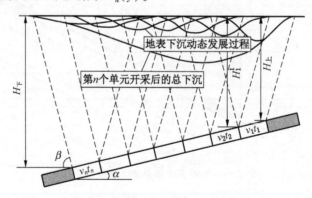

图 3-4　倾向方向的动态预计示意图

在某个预计时刻, 由于最先开采的单元所经历的时间最长, 其对地表的移动变形影响最充分, 因此, 各单元开采对地表下沉的影响将沿着走向方向逐渐减小。当第 n 个单元开采结束时进行动态预计, 那么所有已开采单元对地表下沉的总影响可以用叠加原理求得, 如图 3-4 所示。根据倾向主断面的静态预计公式, 可以求得每个单元开采对地表下沉影响的静态预计公式:

$$W_1(y) = W(y + AC' - L_1{}^1;\ t_1{}^1) - W(y + AC' - L_2{}^1;\ t_2{}^1) \qquad (3-26)$$

式中，AC' 可以根据式（3-23）求得，其物理意义如图 3-3 所示；$W(y)$ 可以按照式（3-25）进行计算；t_1^1 表示代入第一个单元开采后的下山边界参数，t_2^1 表示代入第一个单元开采后的上山边界参数；L_1^1 为第一个工作面开采时下山方向的边界相对于坐标原点的距离。L_2^1 为上山方向的边界相对于坐标原点的距离。对于一个设计好的工作面，当坐标系确立之后，第一个单元的 L_1 可用下式求得：

从上山方向往下山方向开采时（考虑拐点偏移距，下同）：

$$\begin{cases} L_1{}^1 = \left(1 - \dfrac{v_1 t_1 - s_2}{D_1 - s_1 - s_2}\right) L \\[4mm] L_2^1 = L = (D_1 - s_1 - s_2)\,\dfrac{\sin(\theta_0 + \alpha)}{\sin\theta_0} \end{cases} \qquad (3-27)$$

从下山方向往上山方向开采时：

$$\begin{cases} L_1{}^1 = 0 \\[4mm] L_2^1 = \dfrac{v_1 t_1 - s_1}{D_1 - s_1 - s_2} L \end{cases} \qquad (3-28)$$

另外，按照概率积分法计算时，下山方向的主要影响半径 $r_1{}^1$、上山方向的主要影响半径 $r_2{}^1$ 及其他相关参数可按下式求得。

从上山方向往下山方向开采时：

$$\begin{cases} H_1{}^1 = H_2 + v_1 t_1 \sin\alpha \\ H_2{}^1 = H_2 + s_2 \sin\alpha \\ b_1{}^1 = b_2 + [v_1 t_1 (b_1 - b_2)/D_1] \\ b_2{}^1 = b_2 + [s_2 (b_1 - b_2)/D_1] \\ r_1{}^1 = H_1{}^1/\tan\beta_1 \\ r_2{}^1 = H_2{}^1/\tan\beta_2 \end{cases} \qquad (3-29)$$

从下山方向往上山方向开采时：

$$\begin{cases} H_1{}^1 = H_1 - s_1 \sin\alpha \\ H_2{}^1 = H_1 - v_1 t_1 \sin\alpha \\ b_1{}^1 = b_1 - [s_1 (b_1 - b_2)/D_1] \\ b_2{}^1 = b_2 - [v_1 t_1 (b_1 - b_2)/D_1] \\ r_1{}^1 = H_1{}^1/\tan\beta_1 \\ r_2{}^1 = H_2{}^1/\tan\beta_2 \end{cases} \qquad (3-30)$$

式中，$\tan\beta_1$ 和 $\tan\beta_2$ 分别为下山方向和上山方向的主要影响角正切，b_1 和 b_1 分别为下山方向和上山方向的水平移动系数，H_1 和 H_2 分别为下山方向和上山方向的开采深度。

上面讨论了第一个单元开采后对地表下沉影响的静态计算公式，当开采第二个单元时，$W_2(y)$ 可以采用下式进行计算：

$$W_2(y) = W(y + AC' - L_1^{\,3};\ t_1^{\,3}) - W(y + AC' - L_2^{\,3};\ t_2^{\,3}) \tag{3-31}$$

第二个开采单元计算公式中涉及的变量计算方法如下：

从上山方向往下山方向开采时：

$$\begin{cases} L_1^{\,2} = \left(1 - \dfrac{v_1 t_1 + v_2 t_2 - s_2}{D_1 - s_1 - s_2}\right) L \\[3mm] L_2^{\,2} = L_1^{\,1} = \left(1 - \dfrac{v_1 t_1 - s_2}{D_1 - s_1 - s_2}\right) L \end{cases} \tag{3-32}$$

$$\begin{cases} H_1^{\,2} = H_2 + (v_1 t_1 + v_2 t_2)\sin\alpha \\ H_2^{\,2} = H_2 + v_1 t_1 \sin\alpha \\ b_1^{\,2} = b_2 + \left[(v_1 t_1 + v_2 t_2)(b_1 - b_2)/D_1\right] \\ b_2^{\,2} = b_2 + \left[v_1 t_1 (b_1 - b_2)/D_1\right] \\ r_1^{\,2} = H_1^{\,2}/\tan\beta_1 \\ r_2^{\,2} = H_2^{\,2}/\tan\beta_2 \end{cases} \tag{3-33}$$

从下山方向往上山方向开采时：

$$\begin{cases} L_1^{\,2} = \dfrac{v_1 t_1 - s_1}{D_1 - s_1 - s_2} L \\[3mm] L_2^{\,2} = \dfrac{v_1 t_1 + v_2 t_2 - s_1}{D_1 - s_1 - s_2} L \end{cases} \tag{3-34}$$

$$\begin{cases} H_1^{\,2} = H_1 - v_1 t_1 \sin\alpha \\ H_2^{\,2} = H_1 - (v_1 t_1 + v_2 t_2)\sin\alpha \\ b_1^{\,2} = b_1 - \left[v_1 t_1 (b_1 - b_2)/D_1\right] \\ b_2^{\,2} = b_1 - \left[(v_1 t_1 + v_2 t_2)(b_1 - b_2)/D_1\right] \\ r_1^{\,2} = H_1^{\,2}/\tan\beta_1 \\ r_2^{\,2} = H_2^{\,2}/\tan\beta_2 \end{cases} \tag{3-35}$$

式中，$H_1^{\,2}$ 和 $H_2^{\,2}$ 分别表示第二个开采单元的下山方向和上山方向的开采深度，$r_1^{\,2}$ 和 $r_2^{\,2}$ 分别表示第二个开采单元下山方向和上山方向的主要影响半径。按照上述原理，同样可以求得 $W_3(y)$ 到 $W_n(y)$ 的计算公式：

$$W_3(y) = W(y + AC' - L_1{}^3; \ t_1{}^3) - W(y + AC' - L_2{}^3; \ t_2{}^3) \quad (3-36)$$

第三个开采单元计算公式中涉及的变量计算方法如下：

从上山方向往下山方向开采时：

$$
\begin{cases}
H_1{}^3 = H_2 + (v_1 t_1 + v_2 t_2 + v_3 t_3)\sin\alpha \\
H_2{}^3 = H_2 + (v_1 t_1 + v_2 t_2)\sin\alpha \\
b_1{}^3 = b_2 + [(v_1 t_1 + v_2 t_2 + v_3 t_3)(h_1 - h_2)/D_1] \\
b_2{}^3 = b_2 + [(v_1 t_1 + v_2 t_2)(b_1 - b_2)/D_1] \\
r_1{}^3 = H_1{}^3/\tan\beta_1 \\
r_2{}^3 = H_2{}^3/\tan\beta_2
\end{cases}
\quad (3-37)
$$

$$
\begin{cases}
L_1{}^3 = \left(1 - \dfrac{v_1 t_1 + v_2 t_2 + v_3 t_3 - s_2}{D_1 - s_1 - s_2}\right)L \\[3mm]
L_2{}^3 = \left(1 - \dfrac{v_1 t_1 + v_2 t_2 - s_2}{D_1 - s_1 - s_2}\right)L
\end{cases}
\quad (3-38)
$$

从下山方向往上山方向开采时：

$$
\begin{cases}
L_1{}^3 = \dfrac{v_1 t_1 + v_2 t_2 - s_1}{D_1 - s_1 - s_2}L \\[3mm]
L_2{}^3 = \dfrac{v_1 t_1 + v_2 t_2 + v_3 t_3 - s_1}{D_1 - s_1 - s_2}L
\end{cases}
\quad (3-39)
$$

$$
\begin{cases}
H_1{}^3 = H_1 - (v_1 t_1 + v_2 t_2)\sin\alpha \\
H_2{}^3 = H_1 - (v_1 t_1 + v_2 t_2 + v_3 t_3)\sin\alpha \\
b_1{}^3 = b_1 - [(v_1 t_1 + v_2 t_2)(b_1 - b_2)/D_1] \\
b_2{}^3 = b_1 - [(v_1 t_1 + v_2 t_2 + v_3 t_3)(b_1 - b_2)/D_1] \\
r_1{}^3 = H_1{}^3/\tan\beta_1 \\
r_2{}^3 = H_2{}^3/\tan\beta_2
\end{cases}
\quad (3-40)
$$

$$W_n(y) = W(y + AC' - L_1{}^n; \ t_1{}^n) - W(y + AC' - L_2{}^n; \ t_2{}^n) \quad (3-41)$$

第 n 个开采单元计算公式中涉及的变量计算方法如下：

从上山方向往下山方向开采时：

$$
\begin{cases}
L_1{}^n = \left(1 - \dfrac{v_1 t_1 + v_2 t_2 + v_3 t_3 + v_n t_n - s_2 - s_1}{D_1 - s_1 - s_2}\right)L \\[3mm]
L_2{}^n = \left(1 - \dfrac{v_1 t_1 + v_2 t_2 + v_{n-1} t_{n-1} - s_2}{D_1 - s_1 - s_2}\right)L
\end{cases}
\quad (3-42)
$$

$$
\begin{cases}
H_1{}^n = H_2 + (v_1 t_1 + v_2 t_2 + \cdots + v_n t_n - s_1)\sin\alpha \\
H_2{}^n = H_2 + (v_1 t_1 + \cdots + v_{n-1} t_{n-1})\sin\alpha \\
b_1{}^n = b_2 + [(v_1 t_1 + v_2 t_2 + \cdots + v_n t_n - s_1)(b_1 - b_2)/D_1] \\
b_2{}^n = b_2 + [(v_1 t_1 + \cdots + v_{n-1} t_{n-1})(b_1 - b_2)/D_1] \\
r_1{}^n = H_1{}^n/\tan\beta_1 \\
r_2{}^n = H_2{}^n/\tan\beta_2
\end{cases}
\tag{3-43}
$$

从下山方向往上山方向开采时：

$$
\begin{cases}
L_1{}^n = \dfrac{v_1 t_1 + v_2 t_2 + v_3 t_3 + \cdots + v_{n-1} t_{n-1} - s_1}{D_1 - s_1 - s_2} L \\[3mm]
L_2{}^n = \dfrac{v_1 t_1 + v_2 t_2 + \cdots + v_{n-1} t_{n-1} - s_1 - s_2}{D_1 - s_1 - s_2} L
\end{cases}
\tag{3-44}
$$

$$
\begin{cases}
H_1{}^n = H_1 - (v_1 t_1 + v_2 t_2 + \cdots + v_{n-1} t_{-1})\sin\alpha \\
H_2{}^n = H_1 - (v_1 t_1 + v_2 t_2 + \cdots + v_n t_n - s_2)\sin\alpha \\
b_1{}^n = b_1 - [(v_1 t_1 + v_2 t_2 + \cdots + v_{n-1} t_{-1})(b_1 - b_2)/D_1] \\
b_2{}^n = b_1 - [(v_1 t_1 + v_2 t_2 + \cdots + v_n t_n - s_2)(b_1 - b_2)/D_1] \\
r_1{}^n = H_1{}^n/\tan\beta_1 \\
r_2{}^n = H_2{}^n/\tan\beta_2
\end{cases}
\tag{3-45}
$$

与沿工作面走向方向类似，$W_1(y)$ 到 $W_n(y)$ 是每个单元开采后对地表点下沉影响的静态预计公式，当进行动态预计时，不能用上述公式直接进行叠加计算，而是需要考虑时间因素的影响，即将每个单元的静态预计公式乘相应的时间函数，然后将所有单元的动态影响进行叠加计算，即可得到某时刻的地表下沉动态预计公式。下面的公式考虑了拐点偏移距的影响，如果不考虑拐点偏移距的影响，可以将拐点偏移距设为 0。下面给出了 t 时刻工作面倾向主断面上的动态预计公式：

$$
\begin{aligned}
W(y,\ t) = {}& \Phi(t)W_1(y) + \Phi(t - t_1)W_2(y) + \cdots + \Phi(t - t_1 - t_2 - \cdots - t_{n-1})W_n(y) = \\
& \Phi(t)[W(y + AC' - L_1{}^1;\ t_1{}^1) - W(y + AC' - L_2{}^1;\ t_2{}^1)] + \\
& \Phi(t - t_1)[W(y + AC' - L_1{}^2;\ t_1{}^2) - W(y + AC'_1 - L_2{}^2;\ t_2{}^2)] + \cdots + \\
& \Phi(t - t_1 - t_2 - \cdots - t_{n-1})[W(y + AC' - L_1{}^n;\ t_1{}^n) - W(y + AC'_1 - L_2{}^n;\ t_2{}^n)]
\end{aligned}
\tag{3-46}
$$

假设矿区每天的开采速度和开采时间均相等，分别为 v_d 和 t_d，则 $v_1 = v_2 = \cdots = v_n = v_d$、$t_1 = t_2 = \cdots = t_n = t_d$，上述计算公式中的 $L_1{}^1$、$L_2{}^1$，$H_1{}^1$、$H_2{}^1$……都可以进行化简，如从下山到上山开采时的 $L_1{}^n$ 可以化简为式（3-47），其他公式可做同样化简。

$$L_1^n = \frac{v_1 t_1 + v_2 t_2 + v_3 t_3 + \cdots + v_{n-1} t_{n-1} - s_1}{D_1 - s_1 - s_2} L = \frac{(n-1) v_d t_d - s_1}{D_1 - s_1 - s_2} L \qquad (3-47)$$

与走向动态预计原理相同，当 $t \geq t_1 + t_2 + \cdots + t_n$ 时，说明工作面煤层被全部采出，计算结果表示的是：n 个工作面采出后，t 时刻地表下沉动态预计值。当 $t = t_1 + t_2 + \cdots + t_i$ 时，表示工作面的前 i 个单元已被采出，计算结果表示的是：t 时刻第 1~第 i 个单元采出后对地表点的总影响。

式（3-46）是计算地表下沉的动态预计公式，地表变形如倾斜 i、曲率 K、水平移动 U、水平变形 ε 等，可按照下面的公式计算。

倾向主断面地表倾斜 i 的动态预计公式：

$$i(y, t) = \Phi(t) i_1(y) + \Phi(t - t_1) i_2(y) + \cdots + \Phi(t - t_1 - t_2 - \cdots - t_{n-1}) i_n(y) =$$
$$\Phi(t) [i(y + AC' - L_1^1; t_1^1) - i(y + AC' - L_2^1; t_2^1)] +$$
$$\Phi(t - t_1) [i(y + AC' - L_1^2; t_1^2) - i(y + AC' - L_2^2; t_2^2)] + \cdots +$$
$$\Phi(t - t_1 - t_2 - \cdots - t_{n-1}) [i(y + AC' - L_1^n; t_1^n) - i(y + AC' - L_2^n; t_2^n)]$$

$$(3-48)$$

其中，$i(y; t_1^n)$，$n = 1, 2, \cdots, n$ 用下式计算，分号前为变量，t_1^n 和 t_2^n 只是标识，计算时分别用相应的下山方向和上山方向的参数代入计算：

$$i(y; t_1^n) = \frac{dW(y)}{dy} = \frac{W_0}{r_1^n} e^{-\pi \frac{y^2}{(r_1^n)^2}} \qquad (3-49)$$

倾向主断面地表曲率 K 的动态预计公式：

$$K(y, t) = \Phi(t) K_1(y) + \Phi(t - t_1) K_2(y) + \cdots + \Phi(t - t_1 - t_2 - \cdots - t_{n-1}) K_n(y) =$$
$$\Phi(t) [K(y + AC' - L_1^1; t_1^1) - K(y + AC' - L_2^1; t_2^1)] +$$
$$\Phi(t - t_1) [K(y + AC' - L_1^2; t_1^2) - K(y + AC' - L_2^2; t_2^2)] + \cdots +$$
$$\Phi(t - t_1 - t_2 - \cdots - t_{n-1}) [K(y + AC' - L_1^n; t_1^n) - K(y + AC' - L_2^n; t_2^n)]$$

$$(3-50)$$

式中，$K(y; t_1^n)$，$n = 1, 2, \cdots, n$ 用下式计算：

$$K(y; t_1^n) = \frac{di(y)}{dy} = -\frac{2\pi W_0}{(r_1^n)^3} y e^{-\pi \frac{y^2}{(r_1^n)^2}} \qquad (3-51)$$

倾向主断面水平移动 U 的动态预计公式：

$$U(y, t) = \Phi(t) U_1(y) + \Phi(t - t_1) U_2(y) + \cdots + \Phi(t - t_1 - t_2 - \cdots - t_{n-1}) U_n(y) =$$
$$\Phi(t) [U(y + AC' - L_1^1; t_1^1) - U(y + AC' - L_2^1; t_2^1)] +$$
$$\Phi(t - t_1) [U(y + AC' - L_1^2; t_1^2) - U(y + AC' - L_2^2; t_2^2)] + \cdots +$$
$$\Phi(t - t_1 - t_2 - \cdots - t_{n-1}) [U(y + AC' - L_1^n; t_1^n) - U(y + AC' - L_2^n; t_2^n)]$$

$$(3-52)$$

式中，$U(y；t_1^n)$ 和 $U(y；t_2^n)$，$n=1，2，\cdots，n$ 分别用下式计算：

$$U(y；t_1^n) = b_1^n W_0 e^{-\pi \frac{y^2}{(r_1^n)^2}} + W(y；t_1^n)\cot\theta_0 \qquad (3-53)$$

具体计算时，y 用 "$y + AC' - (D_1 - v_1 t_1 - v_2 t_2 - \cdots - v_n t_n)$" 代入计算。

$$U(y；t_2^n) = b_2^n W_0 e^{-\pi \frac{y^2}{(r_2^n)^2}} + W(y；t_2^n)\cot\theta_0 \qquad (3-54)$$

具体计算时，y 用 "$y + AC' - L_1^n$" 代入计算，下同。

倾向主断面水平移动 ε 的动态预计公式：

$$\varepsilon(y，t) = \Phi(t)\varepsilon_1(y) + \Phi(t-t_1)\varepsilon_2(y) + \cdots + \Phi(t-t_1-t_2-\cdots-t_{n-1})\varepsilon_n(y) =$$
$$\Phi(t)\left[\varepsilon(y+AC'-L_1^1；t_1^1) - \varepsilon(y+AC'-L_2^1；t_2^1)\right] +$$
$$\Phi(t-t_1)\left[\varepsilon(y+AC'-L_1^2；t_1^2) - \varepsilon(y+AC'-L_2^2；t_2^2)\right] + \cdots +$$
$$\Phi(t-t_1-t_2-\cdots-t_{n-1})\left[\varepsilon(y+AC'-L_1^n；t_1^n) - \varepsilon(y+AC'-L_2^n；t_2^n)\right]$$
$$(3-55)$$

式中，$\varepsilon(y；t_1^n)$ 和 $\varepsilon(y；t_2^n)$，$n=1，2，\cdots，n$ 分别用下式计算：

$$\varepsilon(y；t_1^n) = -\frac{2\pi b_1^n W_0}{r_1^n} y e^{-\pi \frac{y^2}{(r_1^n)^2}} + i(y；t_1^n)\cot\theta_0 \qquad (3-56)$$

$$\varepsilon(y；t_2^n) = -\frac{2\pi b_2^n W_0}{r_2^n} y e^{-\pi \frac{y^2}{(r_1^n)^2}} + i(y；t_2^n)\cot\theta_0 \qquad (3-57)$$

3.2.3　矩形工作面地表任意点动态预计公式的建立

在走向或倾向主断面的计算过程中，考虑的仅仅是二维情况，如果要对受影响的所有地表点的下沉进行预计，就需要采用如图 3-5 所示的三维坐标系来进行。在二维坐标系下，当在走向主断面进行移动变形计算时，地下开采某一微小单元的横坐标如果用 s 表示，地表任意一点 A 的横坐标用 x 表示，那么，此微小单元引起的 A 点下沉可用下式表示：

$$W_A(x) = \frac{1}{r} e^{-\pi \frac{(x-s)^2}{r^2}} \qquad (3-58)$$

当进行地表任意点的下沉预计时，需要分别建立煤层坐标系和地面坐标系，前者的坐标原点设于 O_1 处，s 轴与煤层走向平行，t 轴与煤层倾向平行；后者的坐标原点设于 O 处，x 轴和 y 轴分别与 s 与 t 平行。两者的关系如图 3-5 所示。与上述二维情况下式（3-58）的推导方法类似，如果开采坐标为 s 和 t 的微小单元 B，那么其对地表坐标为 x 和 y 的 A 点所产生的下沉影响可用下式表示：

$$W_A(x，y) = \frac{1}{r} e^{-\pi \frac{(x-s)^2+(y-t)^2}{r^2}} \qquad (3-59)$$

如果开采范围不是某一微小单元，而是如图 3-5 所示的矩形区域 EO_1CD，其中

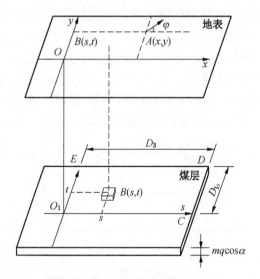

图 3-5　任意点预计的空间坐标系

ED 的长为 D_3，CD 的长为 D_{1s}，那么，根据概率积分法原理，开采 EO_1CD 区域所引起的地表任意点的下沉可表示为

$$W(x,\ y) = W_0 \int_0^{D_3} \int_0^{D_{1s}} \frac{1}{r^2} \mathrm{e}^{-\pi \frac{(x-s)^2+(y-t)^2}{r^2}} \mathrm{d}t \mathrm{d}s \qquad (3-60)$$

式中，W_0 为地表点静态最大下沉量，其值等于 $mq\cos\alpha$，α 为煤层倾角。对于某个具体的工作面开采，预计时，D_3 和 D_{1s} 都是已知定值，因此式（3-60）可以转换为

$$W(x,\ y) = W_0 \int_0^{D_3} \frac{1}{r^2} \mathrm{e}^{-\pi \frac{(x-s)^2}{r^2}} \mathrm{d}s \int_0^{D_{1s}} \frac{1}{r^2} \mathrm{e}^{-\pi \frac{(y-t)^2}{r^2}} \mathrm{d}t$$

$$= \frac{1}{W_0} \big[W(x) - W(x - D_3) \big] \big[W(y) - W(y - D_{1s}) \big]$$

$$= \frac{1}{W_0} W_0(x) W_0(y) \qquad (3-61)$$

式中，$W_0(x)$ 是工作面倾向达到充分采动时，地表走向主断面上横坐标为 x 的点的下沉量；$W_0(y)$ 是工作面走向达到充分采动时，地表倾向主断面上横坐标为 y 的点的下沉量。式（3-61）是用来预计由于矩形工作面 EO_1CD 开采所引起的地表任意点的静态下沉预计公式。如果在某一时刻进行动态预计，工作面在走向方向上基本属于非充分开采，不满足将面积分转化为线积分的条件，因此不能将式（3-60）转换为式（3-61）形式的二次积分求解，这时需要采用其他方法直接对工作面进行面积分求解，如采用复化梯形公式、Romberg 求积法或辛普森求积法等。其他

步骤与主断面上点的动态预计方法相同，也需要将工作面划分为多个动态开采面区间，然后判断在预计时刻实际已开采的区间数，将已开采的区间数对地表的动态影响进行叠加求和，得到地表任意点在预计时刻的动态下沉值。

图 3-6 为地表任意点预计的三维坐标系，动态预计开采单元的划分方法如图 3-7 所示。实际计算时，通常要考虑拐点偏移距的影响，不能用工作面的实际边界作为动态预计的边界，要以工作面的计算边界为准。

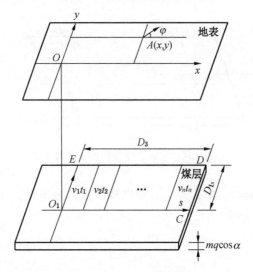

图 3-6　水平煤层动态预计单元划分

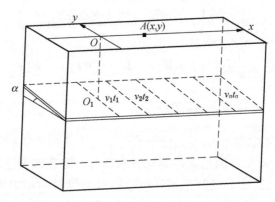

图 3-7　倾斜煤层工作面沿走向布设时动态预计开采单元的划分方法

具有一定倾角的煤层在进行动态预计时，同样需要按照一定的方式将开采工作面划分为多个单元，当工作面沿煤层走向布设时，单元划分如图 3-7 所示。

缓倾斜煤层地表任意点移动变形动态预计可以采用与水平煤层开采相似的方法，即按式（3-60）进行计算。

3.3　动态预计开采单元划分方法

地表动态移动变形的计算公式建立之后，在预测时还需要确定开采单元划分方法，动态预测结果的精度高低和单元划分是否合理有密切的关系。单元划分过大就不能反映地表下沉动态预计的实际规律，计算精度将会降低，且容易导致动态预计结果不连续；单元划分过小则会增加计算量，降低计算效率。

3.3.1　基于周期来压步距的动态单元划分

当地下矿体被采出后，采空区直接顶在上覆岩层的压力和自身重力的作用下，首先产生向下的弯曲和移动，当其承受的拉应力超过其抗拉强度时，岩层就会产生裂隙，随着压应力和拉应力的增加，岩层会产生破断、冒落，并充填到采空区。同时，采空区的基本顶岩层则以悬臂梁或梁的形式，沿着岩层法向向下弯曲和移动，甚至产生裂缝或断裂，如果上下岩层的岩体强度相差过大，在岩层间会产生离层。随着工作面继续向前推进，开采影响逐渐向上传递，岩层的破坏范围也会相应扩大，当工作面的开采宽度达到临界尺寸时，开采影响将会传递到地表，当开采宽度达到或超过充分开采尺寸时，地表某一点或某些点的下沉量将达到矿区地质采矿条件下的最大值，此时，在地表形成了比开采范围大很多的下沉盆地，如果采深较大，在采矿区岩层上方将形成明显的三带，即垮落带、断裂带和弯曲下沉带，如图3-8所示。

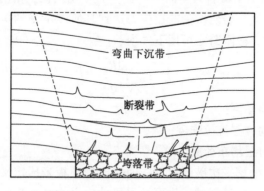

图 3-8　上覆岩层"三带"示意图

根据采空区上覆岩层的弯曲、断裂、矿山压力显现与地表下沉的关系可知，采空区基本顶的周期性破断是产生采场周期来压的根本原因，随着开采尺寸的增大，基本顶的周期性破断逐渐向上方和工作面推进方向扩展，从而引起覆岩的周期性破坏。当岩层垮落带的高度发展到该地质采矿条件下的最大值时，便不再向上发展，但会随着工作面的推进，沿着开采方向继续增大，如图 3-9 所示。地表最终形成的下沉盆地，可以认为是由地表上覆岩层的周期性破断导致的。由图 3-9 可知，如果终采线没有位于上覆岩层周期性垮落处，上覆岩层将会形成悬顶距，从而导致岩层垮落不充分，终采线上方地表下沉量也会受到影响而减小。基于上述原因，当进行动态预计时，根据周期来压步距合理确定开采单元的尺寸是可行的，可以建立地表移动变形与覆岩断裂、弯曲和采场矿压相统一的动态预计模型。

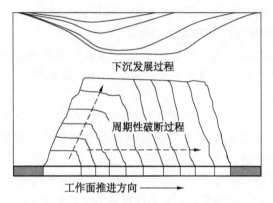

下沉发展过程

周期性破断过程

工作面推进方向 ——

图 3-9　上覆岩层垮落与地表下沉的关系

1984 年钱鸣高提出了覆岩力学的梁（板）式平衡结构，指出在开采过程中，随着顶板岩层跨度的增大，岩层所受的拉应力达到其所能承受的极限抗拉强度时便会拉裂，进而破断，这个极限跨距可用下式表示：

$$L_t = h \sqrt{\frac{2R_T}{q}} \qquad\qquad (3-62)$$

式中　　h ——基本顶厚度；

　　　　R_T ——基本顶岩层抗拉强度；

　　　　q ——顶板岩层均布荷载。

通常，将基本顶的第一次破断对工作面造成的顶板来压定义为基本顶的初次来压，将造成基本顶第一次破断的工作面开采尺寸定义为初次来压步距，不同矿区的初次来压步距是不同的，这与矿区基本顶岩层的厚度、岩石性质、开采深度等都有密切关系，通常为 25~35 m。工作面顶板在初次来压时会产生急剧下沉，初次来压过后，岩层移动会逐渐趋于稳定，当工作面继续向前推进达到一定距离时，基本顶岩层会再次破断。上述现象会周期性出现，定义为工作面顶板的周期来压，周期来压导致顶板下沉速度周期性加剧和下沉量迅速增大。周期来压步距比初次来压步距小，一般按照基本顶的悬臂式折断理论进行计算：

$$L_l = h \sqrt{\frac{2R_T}{3q}} \qquad (3-63)$$

3.3.2 动态单元划分的有效分割尺寸法

基于相似材料模拟试验或数值模拟试验来确定动态预计开采单元的划分方法，称为有效尺寸分割法。1998 年吴侃对某一矿区进行模拟试验，将采空区分成 $0.1H \times 0.1H$（H 为工作面采深）的开采单元进行动态预计，预计结果表明这种开采单元的确定方法能够满足实际工程精度的需要，在实践中可以按照 $L = 0.1H_{min} \times 0.1H_{min}$（$H_{min}$ 为工作面最小采深）划分动态预计的工作面尺寸。

3.4 优化分段 Knothe 时间函数参数确定方法

前几节对开采沉陷动态预计模型进行了详细探讨，构建了水平煤层开采主断面和任意点、缓倾斜煤层开采主断面和任意点的动态移动变形预计模型，在这些动态预计模型中都采用了优化的分段 Knothe 时间函数，主要目的是：区分每个开采单元在预计时刻所经历的时间长短，以确定每个开采单元对地表移动变形的影响程度，其具体形式见式（3-64）。

$$\Phi_t = \begin{cases} \Phi_1(t) = \dfrac{1}{2}\left[\dfrac{t - \tau(1 - e^{ct})}{\tau\,e^{ct}}\right] & 0 < t \leqslant \tau \\[3mm] \Phi_2(t) = 1 - \dfrac{1}{2}e^{c(\tau - t)} & \tau < t \leqslant T \end{cases} \qquad (3-64)$$

该时间函数包含 2 个参数 τ 和 c，对于某个地表点来说，τ 是指该地表点下沉速度出现最大值的时刻，单位为 d 或 a。根据相关文献，对于近水平煤层开采而言，此时，地表点的下沉量在理论上应近似等于最大下沉量的 1/2；对于整个地表下沉盆地而言，τ 是指出现最大下沉量的地表点从开始移动到移动稳定所经历总时间的 1/2；c 一般称为时间系数或时间常数，它的大小取决于工作面上覆岩层的物理力学性质，量纲为 1/a 或 1/d。在进行动态预计之前，结合具体的矿区，应首先确定这 2 个参数的值，这是决定动态预计精度高低的关键，下面介绍几种确定参数 τ 和 c 的方法。

3.4.1 基于实测数据的"反求时间函数对比求参法"

反求时间函数对比求参法应用的前提是：必须具有本矿区或类似地质开采条件下的地表监测数据。随机选择某矿 29401 工作面地表观测站走向观测线上的 A17 号点、A21 号点、A28 号点作为研究对象，阐述根据已知观测数据如何求取时间函数的参数。29401 工作面的煤层倾角为 4°～6°；从直接顶到基本顶分别为石灰岩和泥岩，直接底和基本底分别为砂质泥岩和中粒砂岩，平均开采厚度为 8.8 m，平均采深为 260 m，开采速度为 2 m/d，采用全部垮落法管理顶板。该工作面从 2010 年 5 月

15 日开始开采，到 2011 年 3 月 10 日停采，共观测地表观测线 10 次，通过对监测数据的分析可知，到 2011 年 6 月 8 日地表下沉基本达到稳定状态。表 3-1 为 A17、A21 和 A28 号点每期观测的具体时间及下沉量，它们之间的相对位置关系如图 3-10 所示。

表 3-1　A17、A21 和 A28 号点地表下沉监测数据

观测次数	观测时间	相对观测时间/d	开采位置距开切眼的距离/m	A17 号点下沉量/mm	A21 号点下沉量/mm	A28 号点下沉量/mm
1	2010-05-10	0	0	0	0	0
2	2010-05-30	20	22	-0.02	-0.012	-0.12
3	2010-06-30	51	71	-363	-84	-93
4	2010-09-06	119	200.6	-3193	-2041	-95
5	2010-11-02	176	273	-3315	-4846	-230
6	2010-12-07	211	352	-3343	-5173	-1421
7	2011-01-18	253	467	-3356	-5230	-4078
8	2011-02-22	288	547	-3357	-5231	-4283
9	2011-04-07	332	571	-3360	-5240	-4284
10	2011-06-08	394	571	-3398	-5315	-4346

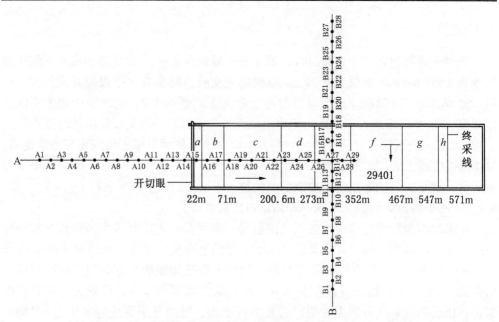

图 3-10　29401 工作面监测线及监测点布置

　　1951 年前联邦德国在发布的《煤炭开采工业标准》中提出：时间系数 c 等于地表某一时刻动态（瞬时）下沉量与终态下沉量的比值，该定义描述了开采工作面上方地表下沉随时间的发展过程，其他很多学者在对大量实测资料研究和分析的基础上也提出了类似概念，即地表某一时刻的动态预计值可以在静态预计的基础上乘一个时间系数来求得。基于上述理论，通过地表的终态下沉量和某一时刻的动态下沉量便可反求出地表在某一时刻的时间系数，需要指出的是：这里所说的时间系数与Knothe 时间函数或改进的分段 Knothe 时间函数中的"时间系数"是不同的概念，时间函数中的"时间系数"是与上覆岩层物理、力学性质，以及矿区开采条件密切相关的参数。

　　由于 2011 年 6 月 8 日地表下沉基本达到稳定状态，由表 3-1 可知，A17、A21和 A28 号点的终态下沉量可以分别认为是-3398 mm、-5315 mm 和-4346 mm，根据式（3-1），可以分别求出不同开采时间间隔的地表下沉动态预计时间系数（其实是动态预计时间函数在某一时刻的函数值），具体见表 3-2。求出了在不同观测时间间隔的地表下沉系数之后，以时间间隔为横轴，以时间系数（时间函数值）为纵轴，绘制了基于实测数据的时间函数图像，如图 3-11 所示。

表 3-2　A17、A21 和 A28 号点地表下沉时间系数　　　　　　　　d

点号		观测时间间隔（相对时间）								
		0	20	51	119	176	211	243	288	332	394
A17	时间系数	0	0	0.107	0.940	0.976	0.984	0.988	0.988	0.989	1
A21		0	0	0.016	0.384	0.912	0.973	0.984	0.984	0.986	1
A28		0	0	0.021	0.022	0.053	0.327	0.938	0.985	0.986	1

　　图 3-11a 是根据实测数据求得的 A21 号点动态下沉的时间系数图像，由图 3-11a 可知，A21 号点的最大下沉速度出现在 120～145 d 之间，根据之前的讨论，在水平或缓倾斜煤层开采条件下，当地表某点的下沉速度达到最大值时，该点的下沉量在理论上应等于其终态下沉量的 1/2，此时的时间系数即动态预计的时间函数值在理论上应等于 0.5。由图 3-11b 可知，对于 A21 号点而言，时间函数的参数 τ 等于 131。

　　1. 参数 c 的求解方法

　　参数 c 与上覆岩层的物理力学性质，以及煤层的开采深度、开采厚度、开采速度、顶板控制方法等密切相关，对于具有相同开采条件和地质条件的矿区，c 值在理论上应是相同的。为了确定一个矿区的 c 值，可以利用地表已有监测数据，采用对

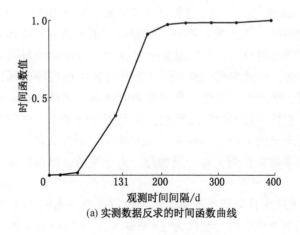

(a) 实测数据反求的时间函数曲线

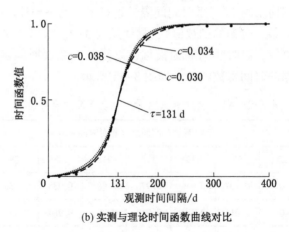

(b) 实测与理论时间函数曲线对比

图 3-11   A21 号点实测数据反求的时间函数曲线及实测与理论时间函数曲线对比

比分析法求取。以 A21 号点为例，参数 τ 已经确定为 131，然后选取不同的 c 值绘制时间函数图像（图 3-11b），观察图像的形态，当某个函数形态与通过实测数据反算的时间函数形态相对吻合较好时，便可用相应的 c 值作为参数值。

由图 3-11b 可知，当 c 值介于 0.030~0.038 时（量纲为 1/d，下同），时间函数曲线与根据实测数据反算的时间函数曲线最吻合，经对比，参数 c 取 0.034 最合适。由于存在观测误差，通过一个监测点求取的 c 值还不能满足精度要求，这时可以通过选取多个观测点来求得 c 值，然后取其平均值来确定。图 3-12a 是根据监测点 A17、A21 和 A28 号点的实测数据反算的时间函数曲线，由于这 3 点与开采工作面的相对位置不同，因此它们各自的最大下沉速度 τ 出现的时刻也不同，即不同监测点的 τ 值是不同的。由图 3-12a 可知，A17 号点最大下沉速度出现的时刻（τ 时刻）

为下沉后的第 83 d, A28 号点则为 220 d。采用与 A21 号点相同的方法, 利用 A17 和 A28 号点的实测值求取的 c 值 (图 3-12b) 分别为 0.039 和 0.038, 然后取 3 点所计算 c 值的平均值作为矿区时间常数 c 的最终值 (即为 0.037)。

需要指出: 在理论上, 选取的监测点样本越多, 所求取的 c 值越准确, 但通过大量的计算可知, 如果观测数据不存在粗差, 通过随机选取的移动接近稳定的 3 个点所求取的 c 值与通过更多样本所获取的 c 值相比, 其数值变化很小, 因此, 在实践中用随机选取的移动接近稳定的 3 个点来确定 c 值是可行的。

由分析可知, 参数 c 是与矿区地质条件和开采条件密切相关的参数, 对于不同的矿区, 当上述条件相似时, c 值基本相同, 因此, 利用已有矿区的地表监测资料求取的参数 c, 可以用于矿区及其他具有类似地质条件和开采条件矿区的动态预计。

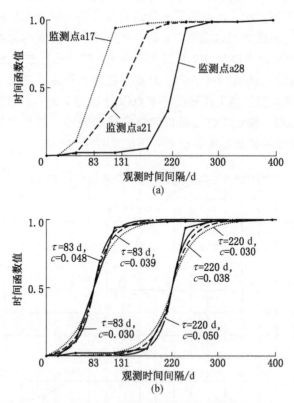

图 3-12 A17 和 A28 号点反求的时间函数曲线与分段 Knothe 时间函数曲线对比

由于所采用的优化 Knothe 时间函数与原 Knothe 时间函数相比, 引入了参数 τ, 下面讨论 τ 值的另一种确定方法。

　　前面章节已经讨论了 τ 的具体定义：受影响的地表点出现最大下沉速度的时刻，对于水平煤层和缓倾斜煤层而言，当地表点的下沉速度达到最大值时，其下沉量约等于该点最大下沉量的 $1/2$，此时，时间 $\tau \approx 0.5T_i$，T_i 是指编号为 i 的地表点下沉总时间。图 3-13 给出了随着工作面的推进，地表 P 点下沉的发展过程，这是英国在总结了多个煤矿观测数据的基础上，得到的地表点下沉发展的一般趋势，具有重要的参考意义。

　　图 3-13 中，纵轴表示地表点在某个时刻的下沉量与其可能的最大下沉量的比值（百分比），横轴表示 P 点与工作面之间的位置关系，是以 P 点的铅垂线和工作面的交点为中心，假如工作面在中心以左，刻度为 0.2 的位置，则表示工作面还没有到达 P 点正下方，在 P 点正下方以左，距离为 $0.2\,h$ 的位置，h 为煤层的平均开采深度。图 3-13 中，当工作面在 P 点以左 $0.75\,h$ 时，可开始观测到 P 点下沉，当工作面推进到 P 点正下方时，P 点的下沉量约为其最大可能下沉量的 15.5%；当工作面继续向前推进，到达 P 点以右 $0.7\,h$ 时，P 点的下沉量则约为其最大下沉量的 97.5%；当工作面到达 P 点以左 $0.7\,h$ 或大于 $0.7\,h$ 时，也标志 P 点下沉活跃期结束；当工作面推进到 P 点以右 $1.0\,h$ 时，P 点下沉趋于稳定，达到了该地质、采矿条件下可能达到的最大值；当工作面位于 P 点以左 $0.23\,h$ 时，P 点的地表下沉量达到其最大下沉量的 $1/2$，假设工作面是以匀速向前推进的，则 P 点从开始下沉到下沉量达到 $W_0/2$ 所经历的时间基本等于 P 点下沉总时间的 $1/2$。

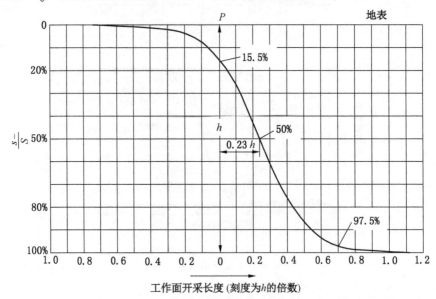

图 3-13　工作面推进长度与地表任意点 P 下沉发展过程的关系

如果要预计整个下沉盆地的动态移动和变形，通过与原 Knothe 时间函数进行对比分析可知，τ 应为 $0.5T$（T 是指地表下沉活跃期结束时地表移动变形所经历的时间），如果有地表监测数据，T 值很容易获取，如果没有地表监测数据，则可以利用具有类似地质采矿条件矿区的监测数据来推导求出。

2. 单个地表点动态预计参数 τ 值的求解方法

前面已经讨论，对于不同的地表点，由于它们距工作面的距离各不相同，其各自最大下沉速度出现的时刻（即该点的地表下沉量等于其终态下沉量的 1/2 时）也会不同，因此，如果要预计单个地表点在任意时刻的下沉量，便要首先确定参数 τ。假设 c 值已知，如果要预计 A28 号点在任意时刻的下沉量，当确定 $\tau = 220$ 时，再利用时间函数和该点的终态下沉量（用概率积分法计算），根据相应的公式便可求得 A28 号点在任意时刻的地表下沉量。

关于下沉速度的确定方法，主要有两种：

（1）美国学者 Peng. S. S 和 Luo 对长壁工作面开采进行动态预计时所提出的一种数学模型，Luo 后来对该模型进行了进一步修正，该模型假设沿着长壁工作面 X 方向的地表下沉速度可以用与动态工作面位置相关的一个正态分布时间函数来表示，具体公式如下：

$$V_x = V_m e^{-2\left(\frac{x+l}{l+l_1}\right)^2} \tag{3-65}$$

式中　V_m——该采矿条件下地表点可能出现的最大下沉速度；

　　　V_x——x 点的下沉速度；

　　　l——工作面与最大下沉速度点之间的水平距离；

　　　l_1——工作面与其前方即将下沉点的水平距离。

l 和 l_1 与开采深度和工作面推进速度有关。图 3-14 反映了上述参数之间的关系。

Peng. S. S 和 Luo 根据阿巴拉契亚北部煤矿的地表监测数据，推导出了计算 l 和 l_1 的经验公式，并证明了计算结果的可靠性，具体公式如下：

$$l = 0.073784 H_0 \sqrt{v_0} \qquad l_1 = \frac{0.39663 H_0 - 43.8512}{\sqrt{v_0}} \tag{3-66}$$

式中　V_0——工作面掘进速度；

　　　H_0——工作面平均开采深度。

邓喀中和王金庄等学者根据对峰峰矿区的实测数据的分析和研究后提出的方法，具体如下。

①走向主断面上任意点的下沉速度计算公式：

$$V_x = \frac{V_{max}}{1 + \left(\frac{x+l}{a}\right)^2} \tag{3-67}$$

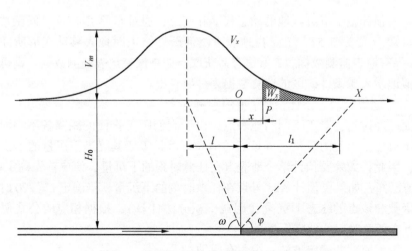

图 3-14 工作面与最大下沉速度曲线的位置关系

式中　V_{max}——最大下沉速度，mm/d；

　　　l——最大下沉速度滞后距；

　　　a——下沉速度曲线的形态参数；

　　　m——煤层开采厚度，mm。

$$V_{max} = 10.3 \frac{v_0 D_1 m}{H_0} \cos\alpha \qquad (3-68)$$

式中　v_0——工作面推进速度，m/d；

　　　H_0——煤层平均开采深度，m；

　　　D_1——工作面倾向长度，m，当 $D_1 > D_c$（D_c 为地表达到充分采动时的工作面倾斜长度）时，$D_1 = D_c$；

　　　α——煤层倾角。

最大下沉速度滞后距可以采用下式计算：

$$l = H_0 \cot\phi \qquad (3-69)$$

对于峰峰矿区：

$$\phi = 15.65 \ln\left(\frac{H_0}{v_0} + 1\right) \qquad (3-70)$$

下沉速度曲线的形态参数 a 可以根据实测数据求取，具体公式如下：

$$a = \frac{x + l}{\sqrt{\dfrac{v_{max}}{v_x} - 1}} \qquad (3-71)$$

通过矿区实测数据可以求取 l、v_{max} 和 v_x，取几个不同的 x 值，代入式（3-71）便可以分别求取 a 值，然后取平均值即可确定 a 值。图 3-15 为最大下沉速度与工作面位置关系，相应坐标系的原点设在工作面在地表的投影点（O）处，随着工作面推进而动态变化。

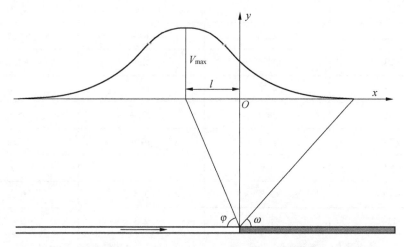

图 3-15　最大下沉速度与工作面分布位置关系

当所有计算参数都求出之后，根据式（3-67）可以计算任意点的下沉速度，对于某个具体点，在工作面推进过程中，可以取不同 x 值作为变量，计算工作面推进过程中该点距工作面不同距离时的下沉速度，从而确定其最大下沉速度出现的时刻。根据上述方法，邓喀中等学者根据峰峰矿区 11209 观测站的数据求取了相关参数，计算了观测站 18 号点的下沉速度，并对其计算精度进行了比较，见表 3-3。

通过比较可知，采用上述方法计算的下沉速度的平均偏差为 1.5 mm/d，中误差为 2.2 mm/d，说明该方法在计算地表点下沉速度时精度较高，比较可靠。由表 3-3 可知，18 号点最大下沉速度出现的时刻为其距工作面 -43 m 时。

表 3-3　18 号点的下沉速度计算值与实测值比较

距工作面的距离/m	下沉速度 V_x/(mm·d^{-1})		计算误差/(mm·d^{-1})
	实测值	计算值	
43	0.9	1.4	0.5
29	1.5	2.0	0.5
13	1.8	3.1	1.3

表3-3(续)

距工作面的距离/m	下沉速度 $V_x/(\mathrm{mm \cdot d^{-1}})$		计算误差/$(\mathrm{mm \cdot d^{-1}})$
	实测值	计算值	
2	4.4	4.6	0.2
-12	11.8	8.4	-3.4
-29	24.8	21.9	-2.9
-43	45.0	43.4	-1.6
-61	28.1	22.7	-5.4
-74	11.2	10.6	-0.6
-87	5.0	5.7	0.7
-101	2.8	3.4	0.6
-114	1.9	2.3	0.4
平均偏差: 1.5 mm/d		中误差: 2.2 mm/d	

②倾向主断面上任意点的下沉速度计算公式:

$$V_y = \frac{V_{\max}}{1 + \left(\dfrac{y}{b}\right)^2} \qquad (3 - 72)$$

式中, b 为倾斜主断面下沉速度曲线的形态参数, 根据峰峰矿区多年观测资料分析计算, 确定的经验公式为

$$b = 0.117H_0 - 31.31 \qquad (3 - 73)$$

③地表任意点的下沉速度计算公式:

$$V(x, y) = \frac{V_{\max}}{1 + \left(\dfrac{x + l}{a}\right)^2} \cdot \frac{1}{1 + \left(\dfrac{y}{b}\right)^2} \qquad (3 - 74)$$

式 (3-74) 可以求取任意点任意时刻的下沉速度, 进而可以确定每个点出现最大下沉速度时距离工作面的位置, 然后根据工作面的推进速度求出该点出现最大下沉速度的时刻。

3.4.2　无已知观测数据的"区间估计求参法"

上面讨论的参数确定方法是以有矿区地表实测数据为前提的, 如果没有实测数据, 通常也可以采用相邻矿区或采矿地质条件相似的其他矿区参数, 如果这些条件

都不具备，则可以使用本节的"参数区间估计法"。

1. 参数 τ 的近似确定方法

根据《建筑物、水体、铁路及主要井巷煤柱留设与压煤开采规范》（以下简称《三下采煤规范》），在无实测数据资料时，地表移动变形持续总时间（T_Z）可采用下式计算：

$$T_Z = 2.5H_0 \qquad (3-75)$$

式中 H_0——工作面平均采深，d。

在对我国许多矿区的观测资料深入分析的基础上，《三下采煤规范》还给出了地表下沉 3 个阶段（初始期、活跃期和衰退期）所持续的时间与地表移动总时间之间的关系（图 3-16）。由图 3-16 可知，当地表下沉活跃期结束时，地表移动变形所持续的时间约为地表移动总时间的 56%。

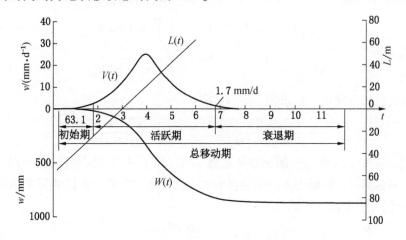

图 3-16　分层开采地表移动不同阶段持续时间关系

此外，郭广礼、邓喀中等学者也曾对兖州矿区鲍店煤矿地表观测站的数据进行过深入研究，得出综放开采时地表下沉的初始期和活跃期所经历的时间之和约占地表移动总时间的 82%，而分层开采则为 54.8%，这与图 3-16 所揭示的规律基本吻合。因此在没有实测数据的情况下，τ 值可以采用下式近似确定。

$$\tau = 0.5T_Z \times 56\% \qquad (3-76)$$

通过对多个矿区的实测资料分析可知，当工作面开采速度较慢、开采深度较大时，地表的整体下沉速度较慢，此时，用式（3-75）计算地表下沉持续总时间较符合实际，用式（3-76）求得的 τ 值与实际情况也较吻合。但是，当工作面开采速度较大、地表出现最大下沉速度时，通常不再用式（3-76）计算的时刻，而是提前很多。

根据概率积分法理论可知，当工作面推进到 $1.2 \sim 1.4H_0$ 时，地下开采达到充分采动，如果工作面以速度 v 匀速推进，此时工作面达到充分采动的时间，即 t 介于 $\dfrac{1.2H_0}{v} \sim \dfrac{1.4H_0}{v}$，此时 τ 值可用下式近似计算：

$$\frac{1}{2} \times \frac{1.2H_0}{v} \leqslant \tau \leqslant \frac{1}{2} \times \frac{1.4H_0}{v} \tag{3-77}$$

2. 参数 c 的近似确定方法

1）采用式（3-76）计算 τ 值时，c 值的确定方法

工作面开采达到充分采动时，由相关文献可知，此时受采动影响的地表点的下沉量近似等于地表终态最大下沉量的 0.98 倍。根据时间函数的特点可知，当 $W_0\psi(t) = 0.98W_0$ 时，分段 Knothe 时间函数的 t 必然满足 $\tau < t \leqslant T$，从而有下式成立 [当工作面推进速度较小时，参数 τ 可用式（3-76）计算]：

$$W_0\left[1 - \frac{1}{2}e^{\left(0.56 \times \frac{2.5H_0}{2} - \frac{1.2H_0}{v}\right)}\right] \geqslant 0.98\,W_0 \tag{3-78}$$

$$W_0\left[1 - \frac{1}{2}e^{\left(0.56 \times \frac{2.5H_0}{2} - \frac{1.4H_0}{v}\right)}\right] \leqslant 0.98\,W_0 \tag{3-79}$$

对公式进行整理后，可求得 c 值的区间：

$$\frac{-v\ln 0.04}{(1.4 - 0.7v)H_0} \leqslant c \leqslant \frac{-v\ln 0.04}{(1.2 - 0.7v)H_0} \tag{3-80}$$

由式（3-80）可知，时间函数的参数 c 与工作面开采深度成反比，与开采速度成正比，采深越大 c 值越小，开采速度越大 c 值越大。当某个矿区的开采临界尺寸 L 已知时，c 值可以直接由下式求出：

$$c = \frac{-v\ln 0.04}{L - 0.7vH_0} \tag{3-81}$$

另外，对于式（3-80），只有当 $1.2 - 0.7v > 0$ 时，即 $v < 1.714$ 时，才能使用此式求取参数 c，同时，根据分段时间函数的特点，当 v 接近 1.7 时，计算的误差会很大，通过对计算结果的对比分析可知，当开采速度小于或等于 1（m/d）时，采用其进行参数 c 的计算是相对可行的。

2）采用式（3-77）计算 τ 值时，c 值的确定方法

根据分段时间函数的定义，当工作面达到临界开采尺寸时，参数 τ 的取值如果采用式（3-77）进行计算，则下式成立：

$$W_0\left[1 - \frac{1}{2}e^{\left(0.5 \times \frac{1.2H_0}{v} - \frac{1.2H_0}{v}\right)}\right] \geqslant 0.98\,W_0 \tag{3-82}$$

$$W_0\left[1 - \frac{1}{2}e^{\left(0.5 \times \frac{1.4H_0}{v} - \frac{1.4H_0}{v}\right)}\right] \leqslant 0.98\,W_0 \tag{3-83}$$

对公式进行整理后，可求得 c 值的区间：

$$\frac{-v\ln 0.04}{0.7H_0} \leqslant c \leqslant \frac{-v\ln 0.04}{0.6H_0} \tag{3-84}$$

同理，当某个矿区的开采临界尺寸 L 已知时，c 值可以直接由下式求出：

$$c = \frac{-2v\ln 0.04}{L} \tag{3-85}$$

采用式（3-84）求取参数 c 时不受井采速度大小的限制，可以作为参数 c 的常规确定方法。图 3-17 给出了当工作面开采速度为 1 m/d、开采深度分别为 400 m 及 200 m 时，采用式（3-80）和式（3-84）求取参数 c 和 τ 后所绘制的时间函数图像 [图中虚线和实线分别表示采用式（3-80）和式（3-84）求取参数所对应的时间函数图像]。

需要指出：图 3-17 中 c 值的单位是 1/d，当换算为 1/a 时，需要乘 365。由图 3-17 可知，开采速度不变、开采深度增大时，地表下沉时间将会相应延长，这与大量矿区实测资料所揭示的规律是一致的；另外，由于在计算参数 τ 时，采用的方法不同，从而导致求取的参数并不一致，通过大量的试算比较可知，当开采速度 $v=1$ m/d 或接近于 1 m/d 时，两种时间函数的形态基本相似，函数值趋于最大值的时间也基本相同，此时可采用式（3-80）和式（3-84）任意一种方法确定参数，否则应采用式（3-84）进行求参。

3.4.3 根据已知观测数据的"直接计算法"

如果工作面开采停止后，在 t_1 时刻测得的地表点的下沉增量为 ΔW_1，在 t_2 时刻测得的地表点的下沉增量为 ΔW_2，那么

$$\begin{cases} \Delta W_1 = W(t_1) - W_T \\ \Delta W_2 = W(t_2) - W_T \end{cases} \tag{3-86}$$

也可以表示为

$$\begin{cases} \Delta W_1 = \Delta W_k \Phi(t_1) \\ \Delta W_2 = \Delta W_k \Phi(t_2) \end{cases} \tag{3-87}$$

式（3-87）以开采停止瞬间为计算起点，即 $T=0$，相应的下沉量为 W_T，ΔW_k 为开采停止后 $T \to +\infty$ 最终下沉增量。根据分段时间函数的定义，如果 t_1、$t_2 < \tau$，则式（3-87）可用时间函数中的 $\Phi_1(t)$ 进行计算，表示为式（3-88），否则可采用 $\Phi_2(t)$ 进行计算，本节以前者为例。

$$\begin{cases} \Delta W_1 = \frac{1}{2}\Delta W_K\left[\dfrac{t_1 - \tau(1 - e^{ct_1})}{\tau\,e^{c\tau}}\right] \\[3mm] \Delta W_2 = \frac{1}{2}\Delta W_K\left[\dfrac{t_2 - \tau(1 - e^{ct_2})}{\tau\,e^{c\tau}}\right] \end{cases} \tag{3-88}$$

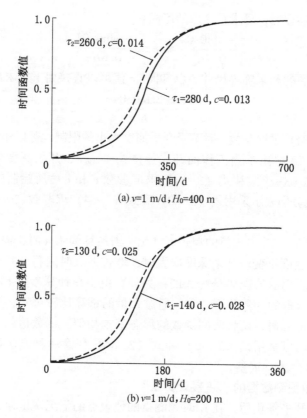

图 3-17 开采速度相同、开采深度不同时的时间函数图像

将 ΔW_1 和 ΔW_2 相除可得

$$\frac{\Delta W_1}{\Delta W_2} = \frac{t_1 - \tau(1 - e^{ct_1})}{t_2 - \tau(1 - e^{ct_2})} \qquad (3-89)$$

如果开采临界尺寸 L 已知，根据前面的讨论可知 $\tau = \dfrac{L}{2v}$ 将 τ 值代入式（3-89）用逐次逼近法或将其展开成级数，便可求取参数 c。如果能够测得开采停止以后（$t \to \infty$）的最终下沉增量 ΔW_K，c 值还可采用式（3-90）进行求解：

$$\frac{\Delta W_1}{\Delta W_K} = \frac{1}{2}\left[\frac{t_1 - \tau(1 - e^{ct_1})}{\tau\, e^{ct}}\right] \qquad (3-90)$$

在用式（3-89）和式（3-90）求解参数 c 时，开采停止的时刻为计算时间的起点，当开采没有停止开采工作面距离该点的水平距离为主要影响半径时，其为计算时间的起点。另外，在求取参数的各种方法中，很多方法都用到了开采临界尺寸 L，由相关文献可知，以概率积分法作为预计模型时，如果当矩形或近似矩形开采工作面某一个方向的开采尺寸 L 达到 $2r$ 时，便可以认为在该方向达到充分采动的条件，如果考虑拐点偏移距的影响，则

$$L = 2r + 2s \tag{3-91}$$

式中　r——主要影响半径；

　　　s——拐点偏移距。

将式（3-91）代入式（3-85），则式（3-85）可重写为

$$c = \frac{-v\ln 0.04}{(H_0/\tan\beta) + s} \tag{3-92}$$

由式（3-92）可知，c 值的大小与开采速度 v、开采深度 H_0、主要影响角正切 $\tan\beta$ 和拐点偏移距 s 有关，影响因素中既有地质条件因素，也有采矿条件因素，计算公式中，各个变量的物理意义明确，只要获得某一矿区的概率积分预计参数，便可准确地求取该矿的 c 值，同式（3-84）相比，计算出的 c 值不再是一个估计区间，这样便于利用计算机通过编程实现。由确定 L 的过程可知，该计算方法适用于水平煤层或缓倾斜煤层长壁工作面开采时动态预计参数的求取。

4　开采沉陷动态预计模型算法

本章设计了矩形工作面走向、倾向及任意点的动态预计方法的计算机编程算法，给出了相应的预计算例；分析和研究了非矩形（不规则）工作面开采时的动态预计问题；在研究不规则工作面静态预计三角剖分算法的基础上，提出了动态预计新算法，解决了不规则工作面开采动态预计方法，在一定程度上提高了预计精度。

4.1　矩形工作面走向主断面动态预计算法

动态预计算法与静态预计算法有着本质的不同，动态预计算法需要考虑动态预计单元的划分长度 L、工作面开采速度 v，以及在指定的预计时刻 T 工作面实际开采的单元数。同时，由于时间函数有两个参数，并且是分段表达的，因此在程序实现时还要考虑在什么条件下应该采用哪段时间函数进行计算。另外，还考虑了拐点偏移距的影响，以及在指定的预计时刻实际开采的动态单元数不为整数的情况，因此算法较复杂。

4.1.1　算法的基本思想及实现

1. 基本思想

在编写程序之前，要先确定动态预计单元长度 L，这是动态预计的一个重要参数，L 确定准确与否对预测精度有很大的影响。动态单元长度可以根据周期来压步距法确定，也可以采用有效尺寸分割法确定，还可以根据工作面实际尺寸以固定长度将工作面等分为 n 个动态开采区间来确定。动态开采单元长度确定好之后，算法实现步骤如下（计算见第 3 章相关内容）。

步骤 1：判断并确定在指定的预计时刻（T），工作面实际开采的单元数（NumN），具体的，如果 $T \geqslant T_z$（T_z 是指开采整个工作面所用的总时间），则 NumN 可用工作面长度除以动态单元大小直接确定，否则，需要用 T、开采速度 v 与动态单元长度 L 之间的关系来确定 NumN。

步骤 2：确定好 NumN，需要根据 T 与时间函数参数 τ 之间的大小，判断应使用分段 Knothe 时间函数的哪一段进行时间函数值计算。如果，$T \leqslant \tau$ 则应采用分段函数的第一段进行计算；如果 $T > \tau$，则需要根据每个单元开采后所经历的时间与 τ 之间的大小确定时间函数值的计算表达式。

步骤 3：根据 NumN 的大小，循环计算每个单元开采对地表移动和变形的影响大小，具体需要计算下沉、倾斜、曲率、水平移动和水平变形。计算模型见第3章相应公式［式(3-11)~式(3-21)］。在计算时如果考虑拐点偏移距的影响，可以在最后一个单元计算时加入拐点偏移距的大小进行调整，如果将坐标系原点设在工作面开切眼处，计算时地表点 x 坐标需要用 $x-s3$ 替代。

步骤4：利用步骤2计算的各动态开采单元的时间函数值乘步骤3计算的每个开采单元对地表移动和变形的静态影响值，得出每个开采单元对地表影响的动态值。

步骤5：将步骤4中 Num$N$ 个开采单元计算的动态值进行叠加，得出 Num$N$ 个开采单元在预计时刻 T 对地表移动变形的动态影响之和。

步骤6：根据步骤5中的结果，分别绘制预计时刻 T 地表的下沉、倾斜、曲率、水平移动和水平变形图，并重设 T 值，重复上述计算，得出不同预计时刻地表的移动变形图形，以方便对比研究。

2. 实现

算法 4-1　优化分段 Knothe 时间函数算法的实现（PHI_T）

Input：概率积分预计参数 m、q、D1、D3、s3、s4、b3、b4、α、θ_0、H_1、H_2；动态预计参数 T、v、L

Output：在预计时刻（T）每个开采单元所对应的时间函数值 PHI_ T

Begin

　　初始化变量 T_z，存储开采整个工作面所用的总时间

　　初始化变量 T_J，存储根据开采速度确定的每个动态单元开采所需的时间

　　初始化数组 Td，存储每个开采单元在 T 时刻已经经历的时间

if $T<=T_z$ **then**

　　如果 T/T_J 为整数，NumN=fix(T/(T_J))；如不为整数，NumN=fix(T/(T_J))+1；

else

　　判断 D3/T_J 是否为整数，如不为整数，则 NumN=fix(D3/(T_J))+1，为整数，则 NumN=fix(D3/(T_J))

endif

if $T<=$ tau **then**

　　当预计时刻小于时间函数的参数时，各开采单元所经历的时间肯定小于 tau

　　for $i=1$：NumN

　　　PHI_T (i) = 0.5. * ((exp(-c. * (tau-(T-(i-1) * T_J))))-((tau- (T-(i-1) * T_J))./tau). * …

　　　　exp(-c * tau))；%从第一个单元到第 NumN 个单元，计算 PHI_T 的值

```
      endfor
   else
      for i=1： NumN
         if T-(i-1)＊T_J>=tau %具体判断每一个具体单元的时间函数值的计算公式
            PHI_T (i)=1-0.5＊exp(c＊(tau-(T-(i-1)＊T_J)))；% T_J 为开采一个
            单元的时间
         else
            PHI_T (i)= 0.5.＊((exp(-c.＊(tau-(T-(i-1)＊T_J))))-((tau-(T-
            (i-1)＊T_J))./tau).＊exp(-c＊tau))；% PHI_T 记录每个动态单元
            所对应的时间函数值
         endif
      endfor
   endif
End
```

算法 4-1 的难点主要有两个：一是判断预计时刻与所有单元开采所需总时间的关系，目的是确定在预计时刻实际开采的单元数，如果预计时刻对应的开采单元数不为整数，则要考虑不为整数部分的区间大小和所对应的开采时间；二是判断每个开采单元在预计时刻所经历的时间长短，然后将其与时间函数参数 τ 进行比较，判断应该使用哪个时间函数表达式来计算 PHI_T （PHI_T 表示已开采动态单元的时间函数值）。由第 3 章相关论述可知，动态预计模型分为两部分：一是求每个动态单元在预计时刻所对应的时间函数值；二是求动态单元被采出后对地表移动和变形的终态影响。

算法 4-1 解决了预计时刻 T 已开采单元的时间函数值的求取问题。接下来讨论已开采单元对地表下沉、倾斜等移动变形的静态影响值的求取问题，在解决该问题时，需要注意以下两个方面的问题：一是，在计算每个动态单元的影响之前，需要判断工作面的倾向开采充分程度系数 Cym，最后用计算的下沉、倾斜、曲率等乘 Cym，此时，无论工作面在倾向上是否达到充分开采，计算结果都是正确的；二是，根据概率积分相关参数确定计算边界，确定计算边界，不能以预计时刻实际开采单元数的影响范围作为依据，而是要假设整个走向工作面全部开采完成后对地表最终可能的影响范围来确定。算法伪代码见算法 4-2。

算法 4-2 的难点在于：在计算每个动态单元开采后对地表的影响时，如何考虑拐点偏移距对计算结果的影响，目的是当 $T \to \infty$ 时，利用动态预计方法所得到的地表移动变形曲线与静态方法所得到的地表移动变形曲线能完全吻合。

算法 4-2　走向主断面地表移动和变形的动态预计：Wxd、Ixd、Kxd、Uxd、Exd

Input：概率积分预计参数和动态预计参数

Output：输出 T 时刻已开采的动态单元所引起的地表下沉、倾斜、曲率、水平移动和水平变形（静态值）

Begin

　　初始化数组 Ln1 和 Ln2，数组 Ln1 的第一个值存储第一个单元的长度，第二个值存储第一个和第二个单元的长度，第 NumN 个值存储第 1 到第 NumN 个单元的长度之和；数组 Ln2 存储 Ln1 每个值减去单元长度之后的值，原理见计算模型

　　初始化数组 Wx_n，存储每个单元引起的地表静态下沉

　　初始化数组 Wxd、Ixd、Kxd、Uxd、Exd，存储地表下沉、倾斜、曲率、水平移动和水平变形

　　计算 Cym　　%计算模型见第 3 章相关部分

for i = 1：NumN

　for x = Xzbj：wgjg：Xybj；

　　　　$Wx\_n(j,m) = Cym * (((w0/2) * (erf(n * (x-s3-(L1\_n(j)-s3))) + 1)) - ((w0/2) * (erf(n * (x-s3-(L2\_n(j)-s3-S\_4(j)))) + 1)))$；% 计算每个单元引起的地表静态下沉

　　　　　% Ixd、Kxd、Uxd、Exd 等计算方法类似，此处略

　　　　$X\_1(j,m) = x$；%记录每个下沉量对应的 x 坐标，便于查询和绘图

　　　　$Y\_1(j,m) = D3/2$；　%记录每个下沉量对应的 y 坐标

　endfor

endfor

for i = 1：NumN

　　$Wx\_d1(j,:) = Phi\_t(j). * Wy\_n(j,:)$；

　　% 将各已开采单元的终态影响值乘相应的时间函数值，其他略

endfor

　　Wxd = sum（Wy_d1）；% Wxd 即为地表走向主断面预计时刻的动态下沉量

End

通过算法 4-1 与算法 4-2 可分别得到预计时刻 T 已开采单元的时间函数值和已开采单元对地表下沉、倾斜等移动变形的静态影响值，然后将对应的时间函数值与相应的静态影响值相乘，即可得出已开采单元对地表的动态影响结果。

4.1.2　走向主断面动态预计实例

由相关文献可知，某矿 1002 工作面的概率积分参数为：倾向长 250 m，走向长 1000 m，采深为 500 m，采厚为 3 m，下沉系数为 0.78，主要影响角正切为 2.0，水平移动系数为 0.28，拐点偏移距为 50 m；动态预计参数为：开采速度为 0.42 m/d，动态单元划分长度采用有效尺寸分割法，为 $0.1H_0$，时间函数的两个参数 τ 和 c 可以按照第 3 章的方法自动求取。下面用本书所提出的动态预计方法与编制程序，在不同时刻 T（$T=500$ d、1000 d、1500 d、2000 d、2500 d、3500 d）对该工作面开采进行动态预计（由于工作面的开采速度非常缓慢，因此其移动稳定所需要的总时间很长，故将时间间隔设得较大，为 500 d），得到的下沉和倾斜发展趋势如图 4-1 所示。

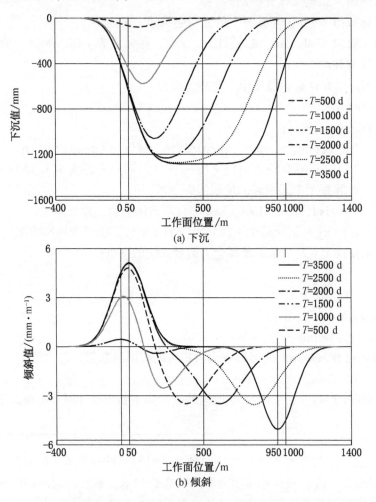

(a) 下沉

(b) 倾斜

图 4-1　走向主断面下沉和倾斜发展趋势

由图 4-1 可以看出，由于煤层开采的倾向长仅为 250 m，远没有达到充分采动程度，因此地表最终的移动变形比充分采动条件下的地表理论最大下沉量 2288.8 m 相差很多。图 4-1 中，由于不同的预计时刻对应着不同的工作面开采长度，因此，地表的移动变形值的大小在开始阶段是随着预计时间 T 的增大而增大的，但当预计时刻增大到一定值时，地表移动变形的最大值不再增加，而是随着预计时间的增加有规律地向工作面前方传递；当在给定的预计时刻所有的动态开采单元对地表的影响都达到最大值时（即所有开采单元的时间函数值都为 1），地表的动态移动变形曲线就变成了静态移动变形曲线，此时，用基于概率积分法的静态预计程序进行计算可以得到相同的结果，间接地验证了程序的正确性。由图 4-1 中的倾斜曲线可以看出，当 $T = 3500$ d 时，在拐点偏移距处（$x = 50$，$x = 950$）所对应的倾斜值达到正负最大值，与实际结果完全吻合，这是由于在动态预计程序中考虑了拐点偏移距的影响。第 5 章将用具体的工程实例进一步对程序算法的可靠性进行验证。

4.2 矩形工作面倾向主断面动态预计算法

4.2.1 算法的基本思想及实现

1. 基本思想

在倾向主断面预计算法中，各动态开采单元时间函数值的求取算法与走向主断面是一样的，但与走向主断面动态预计算法相比，求动态单元采出后对地表移动和变形的终态影响则复杂得多，需要单独求取每个动态单元所对应的下山和上山的开采深度、水平移动系数和主要影响半径等参数，不能直接用已知的静态概率积分参数当作每个动态单元的预计参数，否则，预计结果将会产生较大的偏差。在预计精度要求不高时，可以用相应参数的平均值作为动态单元上山和下山方向的参数代入计算，否则，需要根据开采单元的大小按照相应的比例进行求取，本书采用后者。另外，由于在倾向主断面概率积分预计模型中存在开采影响传播角 θ_0 的影响，导致地表移动和变形的拐点位置向下山方向偏移，在计算每个开采单元所对应的 y 坐标时比较复杂，一种简单的方法是根据实际动态开采单元的大小，以倾斜工作面计算长度 L 为基准，按比例求取。倾向主断面动态单元开采，地表移动和变形计算的具体步骤如下：

步骤 1：计算走向开采充分程度系数 Cxm，目的是：无论走向是否充分开采，在最终的动态计算结果中乘系数 Cxm，可以保证计算结果符合实际情况。

步骤 2：计算每个动态开采单元在预计时刻所对应的时间函数值 PHI_T，以便在求出每个动态单元开采对地表移动变形的静态影响值后，分别乘相应的 PHI_T，从而得到各个单元的动态影响值。

步骤 3：在确定好坐标系后，分别求取在预计时刻每个动态开采单元上下山方向所对应的 y 值，以便代入倾向主断面概率积分公式进行计算。坐标系的建立方法参照第 3 章相关内容。

步骤 4：分别计算在预计时刻已经采出的各动态单元上下山相关参数，主要包括：主要影响角正切、主要影响半径、水平移动系数、开采深度。

步骤 5：参数准备好之后，逐一计算在预计时刻实际已采出单元对地表移动和变形的终态影响值，然后乘相应单元的时间函数值，再将不同单元的计算结果进行叠加求和，便可得到在预计时刻地表移动和变形的动态预计值。

2. 实现

算法 4-3　倾向主断面地表移动和变形的动态预计：Wyd、Iyd、Kyd、Uyd、Eyd

Input：概率积分预计参数和动态预计参数

Output：输出 T 时刻已开采的动态单元所引起的地表下沉、倾斜、曲率、水平移动和水平变形的动态预计值

Begin

　　初始化数组L1_n 和 L2_n，分别保存每个单元所对应的上下山边界距离原点的长度值

　　初始化数组 H1_n 和 H2_n，分别保存每个单元所对应的上下山开采深度

　　初始化数组 tanBita1_n 和 tanBita2_n；初始化数组 r1_n 和 r2_n

　　初始化数组 b1_n 和 b2_n；初始化数组 Wy_n、Iy_n、Ky_n、Uy_n、Ey_n

　　初始化数组 Wyd、Iyd、Kyd、Uyd、Eyd，存储地表下沉、倾斜、曲率等

　　计算 Cxm　%计算模型见第 3 章相关部分

　　计算 PHI_T　% 具体见算法 4-1

for i = 1：NumN

　for y = Yxbj：wgjg：Ysbj

　　%Yxbj 表示计算的下边界，Ysbj 表示计算的上边界，wgjg 为网格间隔

　　Wy_ n(j,m) = Cxm * (((erf(n1_n(j) * (y-L1_n(j))) +1) * (w0/2)) -((erf
　　　　(n2_n(j) * (y-L2_n(j))) +1) * (w0/2)));

　　%计算各动态单元开采所引起的地表终态下沉量，保存数组 Wy_n 中，其他略。

　endfor

endfor

for i = 1：NumN

　Wy_d1(j,:) = Phi_t(j). * Wy_n(j,:);

　% 将各已开采单元的终态影响值乘相应的时间函数值，其他略。

---

endfor

　　Wyd = sum（Wy_d1）；　　% Wyd 即为地表倾向主断面预计时刻的动态下沉量

End

　　算法 4-3 的难点主要有两个：一是坐标系确定好之后，在考虑拐点偏移距影响的情况下如何确定每个动态开采单元上下山方向所对应的 y 的相对值，只有确定 y 值后，才能准确确定每个动态单元所对应的倾向工作面计算长度 L_i，从而代入概率积分预计模型进行计算；二是在已知工作面下山方向和上山方向 $\tan\beta_1$、$\tan\beta_2$、r_1、r_2、b_1、b_2 等参数的情况下，如何确定每个动态单元上下山方向所对应的相应参数的大小。不能将静态预计方法中相应的概率积分参数，直接作为每个动态单元预计时相应的参数进行计算，否则将会产生较大的预计误差。

4.2.2　倾向主断面动态预计实例

　　由相关文献可知，某矿某工作面的概率积分参数为：倾向长 200 m，走向长 300 m，下山边界采深 $H_1 = 321.9$ m，上山边界采深 $H_2 = 279.3$ m，下沉系数为 0.76，煤层采厚为 1.45 m，倾角为 12°，开采影响传播角 $\theta_0 = 81.6°$；下山边界参数：主要影响角正切 $\tan\beta_1 = 2.2$，水平移动系数 $b_1 = 0.36$，拐点偏移距 $s_1 = 32$ m；上山边界参数：主要影响角正切 $\tan\beta_2 = 2$，水平移动系数 $b_2 = 0.30$，拐点偏移距 $s_2 = 28$ m；工作面上覆岩层的岩性类型为中硬，用全部垮落法管理顶板。动态预计参数为：开采速度设为 0.5 m/d，动态单元划分长度采用有效尺寸分割法为 $0.1H_0$，时间函数的参数 τ 和 c 按照第 3 章的方法自动求取。下面用倾向主断面动态预计方法与编制的程序，在不同时刻 T（$T = 200$ d、300 d、400 d、500 d、800 d、1200 d）对上述工作面开采进行动态预计，如果工作面从下山方向往上山方向开采，得到的下沉和倾斜发展趋势如图 4-2 所示。

　　由图 4-2 可知，由于工作面的推进速度仅为 0.5 m/d，而开采深度相对较大，当设定预计时刻 $T = 200$ d 时，工作面的实际推进距离为 100 m，加上工作面两端顶板的悬臂支撑作用，此时的地表下沉和倾斜非常小。随着预计时刻 T 值的增大，工作面的推进距离也会越来越大，因此，地表的移动变形值也会逐渐增大，当 $T = 800$ d 时，地表的移动和变形基本达到稳定状态，与 $T = 1200$ d 时的静态曲线相比，地表的移动变形值变化很小。在对倾斜主断面进行预计时，由于开采影响传播角的影响，使得地表下沉终态曲线的拐点不在开切眼的正上方，也不在计算边界的正上方，而是向下山方向偏移一段距离，位于图 4-2 所示的 O 点处，为了方便对比研究，将坐标原点设在 O 点。

　　如果工作面从上山方向往下山方向开采，地表的下沉和倾斜发展趋势如图 4-3 所示。

　　对比图 4-2 和图 4-3 可知，由于开采方向不同，地表点移动的先后顺序是不一

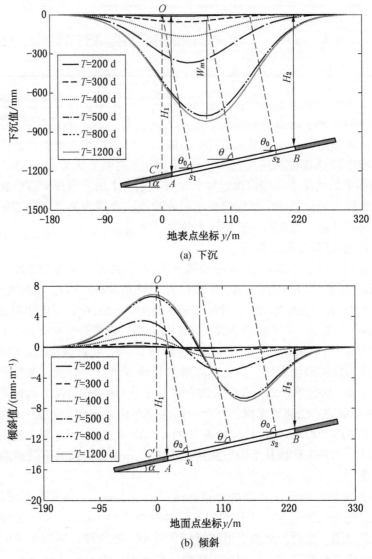

(a) 下沉

(b) 倾斜

图 4-2　倾向主断面下沉和倾斜发展趋势（下山—上山开采）

样的，前者是从地表点坐标较小的点向坐标较大的点进行传播的，而后者则恰恰相反。这说明对于不同的开采顺序，同一地表点移动和变形出现相同值的时间是不同的，在对开采区地面建筑物的保护过程中，判断地表点在什么时刻会出现多大的移动变形量是非常重要的。另外，通过对比可知，无论开采方向是从下山到上山，还是从上山到下山，虽然地表点的传播方式不同，达到相同数值的时间不同，但当预计时刻 T 足够大时，地表点的移动和变形都将达到稳定状态，此时，两种方法所得

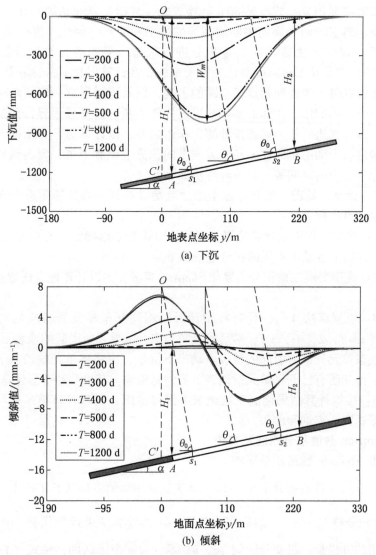

图4-3 倾向主断面下沉和倾斜发展趋势（上山—下山开采）

到的地表点的移动和变形曲线是完全一致的，此后无论 T 值如何增大，地表点的移动和变形曲线不会再发生任何改变。

4.3 矩形工作面地表任意点动态预计算法

4.3.1 算法的基本思想

对近水平煤层开采所引起的地表任意点的移动和变形进行动态预计，不能直接将第 3 章二重"面积分"式（3-60）转换成式（3-61）所表达的"线积分"形式，来分别计算走向主断面和倾向主断面地表的移动和变形，因此，进行动态预计时，就需要采用一定的算法直接对二重积分进行求解。采用的二重积分算法是复化 Simpson 算法，它是从 Gaussian 算法发展而来的，在计算时比 Gaussian 算法效率高；在实际动态计算时，考虑到拐点偏移距的影响，以及当煤层有一定倾角时开采影响传播角的影响，不能用工作面的实际开采边界作为预计的开采边界，而是要求出其计算边界，以计算边界作为动态预计的工作面边界，以计算边界为依据划分动态预计单元、确定每个动态单元在 x 和 y 方向上的积分上限和下限、确定预计时刻各动态开采单元所对应的时间等。具体计算步骤如下：

步骤 1：计算开始前，需要考虑坐标原点是设在开切眼处还是设在拐点偏移距处，以确定计算坐标系。

步骤 2：确定工作面的计算边界，以计算边界为依据确定动态单元的划分方法、确定 x 和 y 方向上各动态单元的积分上限和下限。

步骤 3：编程实现二重积分的复化 Simpson 算法，用以计算地表任意点的移动和变形。

步骤 4：根据算法 4-1，计算在预计时刻不同开采单元所对应的时间函数值 PHI_t(i)（$i = 1, 2, \cdots, n$），然后将其与相应开采单元所引起的地表下沉值相乘，得到每个动态单元开采所引起的地表点动态下沉量，再将各单元的动态下沉值进行叠加求和，得到所有已开采单元对地表下沉的总影响，其他移动变形计算方法相似。

步骤 5：根据计算结果绘制三维地表下沉盆地图，实现计算结果的可视化，以便进行数据观察、查询和使用。

4.3.2　Simpson 数值积分原理及实现

1. 复化 Simpson 数值积分原理

用数值方法计算定积分 $\int_a^b f(x)\,dx$，其实就是用插值多项式 $Pn(x)$ 替代被积函数（或称为"积分核"）$f(x)$，然后用 $\int_a^b Pn(x)\,dx$ 的计算结果近似代替 $\int_a^b f(x)\,dx$ 值的过程，常用的方法是：将积分区间 $[a, b]$ 等分为 n 个子区间，见式（4-1），区间大小 h 称为步长。

$$h = (b - a)/n \qquad\qquad (4-1)$$

每个子区间的端点可用公式 $x_i = a + ih$（$i = 0, 1, \cdots, n$）进行计算，然后在每个子区间使用插值积分公式，再将每个子区间的计算结果进行求和。如果在每个子区间用二阶多项式近似取代 $f(x)$ 并积分，便可得到 Simpson 公式：

$$Sn = \frac{h}{6} \sum_{i=0}^{n-1} \left[f(x_i) + 4f(x_{i+1/2}) + f(x_{i+1}) \right] = \frac{h}{6} \left[f(a) + 4\sum_{i=0}^{n-1} f(x_{i+1/2}) + 2\sum_{i=0}^{n-1} f(x_i) + f(b) \right]$$

$$(4-2)$$

其中，$x_{i+1/2} = a + (i + 1/2)h$。

对于二重积分，如 $\int\limits_{R} f(x, y)\mathrm{d}A$，其积分结果的物理意义是：平面区域 R 与被积函数 $f(x, y)$ 所围成空间的体积，如果区域 R 满足 $R = \{(x, y) \mid a \le x \le b, c \le y \le d\}$，则可将二重积分改写为

$$\iint\limits_{R} f(x, y)\mathrm{d}x = \int_a^b \left[\int_c^d f(x, y)\mathrm{d}y \right]\mathrm{d}x \qquad (4-3)$$

用与单次积分相同的方法，将 $[a, b]$、$[c, d]$ 分成 N、M 等份，其步长为

$$h = \frac{b-a}{N} \qquad k = \frac{d-c}{M} \qquad (4-4)$$

首先，对积分 $\int_c^d f(x, y)\mathrm{d}y$ 应用复合辛普森公式，令 $y_i = c + ik$，$y_{i+1/2} = c + \left(i + \frac{1}{2}\right)k$，则

$$\int_c^d f(x, y)\mathrm{d}y = \frac{k}{6}\left[f(x, y_0) + 4\sum_{i=0}^{M-1} f(x, y_{i+1/2}) + 2\sum_{i=1}^{M-1} f(x, y_i) + f(x, y_M) \right]$$

$$(4-5)$$

将式（4-5）代入式（4-3）可得

$$\int_a^b \int_c^d f(x, y)\mathrm{d}y\mathrm{d}x = \frac{k}{6}\left[\int_a^b f(x, y_0)\mathrm{d}x + 4\sum_{i=0}^{M-1} \int_a^b f(x, y_{i+1/2})\mathrm{d}x + \right.$$

$$\left. 2\sum_{i=1}^{M-1} \int_a^b f(x, y_i)\mathrm{d}x + \int_a^b f(x, y_M)\mathrm{d}x \right] \qquad (4-6)$$

对式（4-6）中的每个单次积分再分别用复合辛普森公式即可求得二重积分值。

2. 复化 Simpson 数值算法的实现

算法 4-4 近水平煤层开采地表下沉盆地的动态预计：DblSimpson

Input：被积函数 f，积分上下限
Output：Simpson 函数 DblSimpson 值
Begin
  function q = **DblSimpson**(f, a, A, b, B, m, n) %定义函数 DblSimpson 返回计算结果
    if(m == 1 && n == 1)   then   %辛普森公式求解
      q = ((B-b) * (A-a)/9) * (subs(sym(f), findsym(sym(f)), {a,b}) +...
      subs(sym(f), findsym(sym(f)), {a,B}) + subs(sym(f), findsym(sym(f)),
      {A,b}) +...

```
      subs(sym(f),findsym(sym(f)),{A,B})+4*subs(sym(f),findsym(sym
      (f)),{(A-···a)/2,b})+4*subs(sym(f),findsym(sym(f)),{(A-a)/2,
      B})+…
      4*subs(sym(f),findsym(sym(f)),{a,(B-b)/2})+4*subs(sym(f),find-
      sym…(sym(f)),{A,(B-b)/2})+16*subs(sym(f),findsym(sym(f)),{(A
      -a)/2,(B-b)/2}));
  else   % 复化辛普森公式
      q=0;  %初始化函数返回值
  for i=0:n-1
    for j=0:m-1
      q=q+subs(sym(f),findsym(sym(f)),{x,y})+subs(sym(f),findsym
      (sym…(f)),{x,y2})+subs(sym(f),findsym(sym(f)),{x2,y})+subs
      (sym(f),…findsym(sym(f)),{x2,y2})+4*subs(sym(f),findsym(sym
      (f)),{x,y1})…
      +4*subs(sym(f),findsym(sym(f)),{x2,y1})+4*subs(sym(f),
      findsym…(sym(f)),{x1,y})+4*subs(sym(f),findsym(sym(f)),{x1,
      y2})+16*subs…(sym(f),findsym(sym(f)),{x1,y1});
    endfor
  endfor
  endif
      q=((B-b)*(A-a)/36/m/n)*q;
End
```

4.3.3　地表下沉盆地动态预计算法的实现

算法 4-5　近水平煤层开采地表下沉盆地的动态预计：$W(x, y, t)$

Input：概率积分预计参数和动态预计参数

Output：输出 T 时刻已开采的动态单元所引起的地表任意点的下沉量

Begin

初始化数组 X1 和 X2，X1 保存动态预计时各已开采单元的积分上限，X2 则
　　　保存积分下限，Y1 和 Y2 为常数

初始化数组 W_{xy}，用于保存在预计时刻地表任意点的动态下沉量

初始化数组 PHI_T。%保存每个开采单元所对应的时间函数值

```
计算 PHI_T   %  见前述算法，略
for i = 1 : NumN
    X11 = X1(jj) ; X12 = X2(jj) ;
    Y1 = 0 ; Y2 = Lq ;
    for x1 = Xzbj : wgjg : Xybj ;
        for y1 = Yxbj : wgjg : Yзbj ;
            f = @ (x,y) (1/r^2) * exp( -pi * ( (x-x1). ^2 + (y-y1). ^2)/r^2 ) ;
            d_w(m,jj) = dblquad(f,X11,X12,Y11,Y12). * w0 * Phi_t(jj) ;
            %计算每个开采单元的地表下沉动态预计量,其他变形计算,略
            X(m) = x1 ；  %记录每个下沉量对应的 x 坐标,便于查询和绘图
            Y(k) = y1 ；   %记录每个下沉量对应的 y 坐标
        endfor
    endfor
endfor
    W = sum (d_w, 2) ；    %记录地表点坐标为 x 和 y 的任意点的下沉量
End
```

　　该算法的难点主要有以下 3 点：一是对于矩形工作面近水平煤层开采，要考虑用计算边界当作动态预计的依据，用走向和倾向计算长度来确定动态单元的划分起始点和终止点，进而确定每个单元的动态积分上下限，而不能用实际开采边界来确定；二是二重积分计算方法很多，需要根据实际情况选择合适的二重积分方法，再结合所要解决的问题进行编程实现；三是在求地表任意点的动态下沉时，应如何设置计算间隔来循环计算，并将 x、y 坐标所对应的地表下沉量 z 按照一定的序列进行保存，为数据输出、查询及绘制三维下沉盆地图提供方便。

4.3.4　任意点下沉盆地动态预计实例

　　以某矿 1002 工作面的采矿和地质条件为背景，根据已知的概率积分预计参数和动态预计参数，在不同的时刻 T（T = 1000、1500、2000、3500）对地表任意点的下沉和倾斜进行动态预计，并将计算结果进行处理，绘制不同时刻的地表下沉盆地图、倾斜三维图及其等值线图。通过对比，观察不同预计时刻的地表任意点的下沉和倾斜发展趋势，具体如图 4-4 和图 4-5 所示。

　　图 4-4 中下方矩形区域为工作面的计算边界。由图 4-4 可以看出，随着预计时刻 T 的增大，地表下沉盆地的范围也逐渐增大，增大方向主要沿着工作面推进方向，在与工作面推进方向垂直的方向上（开采方向为走向，垂直方向为倾向），地表下沉盆地范围基本不会发生变化。

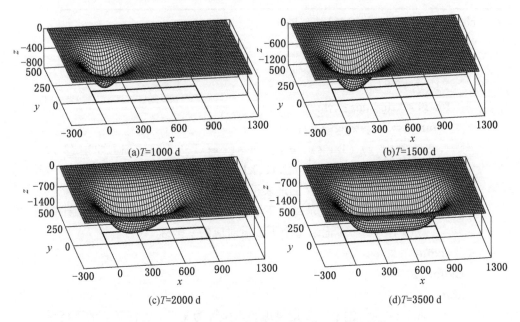

图 4-4　不同预计时刻的地表任意点下沉发展趋势

当预计时刻 T 增加到一定数值后，整个工作面已全部开采完毕，各动态开采单元开采所引起的地表下沉都达到最大值，此时，经过叠加求和后地表的总体下沉也将达到稳定，地表下沉盆地范围和最大下沉量不会再增加。地表下沉达到稳定后（当 $T \geqslant 3500$ d 时，通过计算对比，可认为地表下沉已达到稳定），从理论上讲，当某个方向达到充分开采时，其计算边界在地表的投影与地表走向主断面相交的地表点就是主断面下沉曲线的拐点，对于水平煤层开采而言，其下沉量等于地表静态最大下沉量的 1/2。例如，图 4-4c 中，走向方向达到充分采动，则 $x = 0$ 和 $x = 900$ 的两条边界线与 $y = 75$（因为拐点偏移距为 50，由于工作面倾角为 0，故倾向实际计算长度为 150 m）这条直线相交的两点，即坐标为 $x = 0$、$y = 75$ 和 $x = 900$、$y = 75$ 的两点为走向主断面下沉曲线的拐点，通过计算可知，两拐点处下沉量分别为641.09 mm 和 634.43 mm，而下沉盆地的最大值为 1280.60 mm，两拐点处的下沉量基本等于下沉盆地最大下沉值的 1/2（仅差几毫米），这证明了程序预计的可靠性，后面章节还会结合实测数据对算法的预计精度再进行验证。

不同预计时刻的地表任意点倾斜发展趋势如图 4-5 所示。由图 4-5 可以看出，当 $T = 1000$ d 时，根据工作面开采速度 $v = 0.42$ m/d 可知，此时工作面开采长度为 420 m，这时地下开采所引起的地表倾斜还很不充分，还不能达到开采 420 m 所引起的地表移动变形最大值。随着预计时刻 T 的增加，地表倾斜逐渐向工作面推进方向发展，且产生倾斜的地表范围和最大值都在增加，由于在走向方向上是超充分开采，当 T 增加到一定数值时，地表下沉盆地会产生较大的平底部分，平底部分内点的倾斜值为 0，从倾斜的发展趋势来看，倾斜值为 0 的平底部分曾经也经历过剧烈的变化，其倾斜值从 0 开始逐渐增大，然后达到最大值，再从最大值逐渐减小至 0。

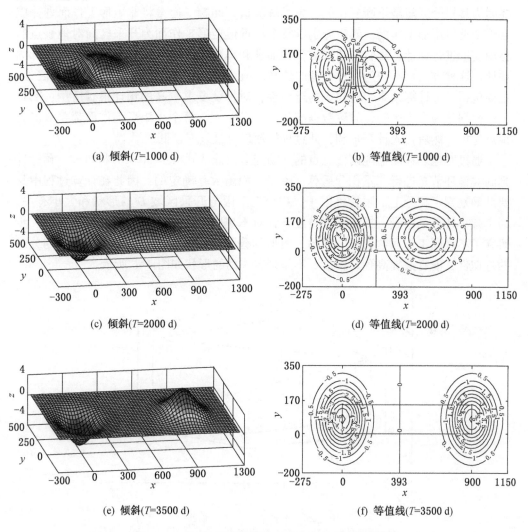

(a) 倾斜(T=1000 d)　　　　　　　(b) 等值线(T=1000 d)

(c) 倾斜(T=2000 d)　　　　　　　(d) 等值线(T=2000 d)

(e) 倾斜(T=3500 d)　　　　　　　(f) 等值线(T=3500 d)

图 4-5　不同预计时刻的地表任意点倾斜发展趋势

4.4 不规则工作面静态预计积分域三角剖分法

对由于矩形工作面开采引起的地表任意点移动变形的计算，可采用式（3-60）进行计算，由于矩形工作面的各边与 x、y 轴是相互平行的，在计算时，它的积分限为常数，因此可以将二重积分公式转换为单次积分乘积的形式，即用式（3-61）进行计算。对由于非矩形工作面开采引起的地表移动变形预计不能采用上述方法，主要因为其积分区间是不断变化的。为了解决这一问题，通常将非矩形工作面划分成若干个近似矩形工作面，然后分别以每个小近似矩形工作面为开采区间对地表点的移动变形进行预计，再将其结果进行叠加求和得到最终结果。对于精度要求较低的预计，这种方法也不失为一种合理的选择。但总体上，该方法存在一定的不足之处，主要包括：①计算结果带有较大的近似性，对精度要求较高的预计很难适用；②将工作面划分为多个区间，导致数据准备工作量较大，每个小矩形工作面都要求出其顶点坐标，然后代入计算求和，此过程较烦琐，且效率较低。

通过对地表移动盆地内任意点的移动变形预计［式（3-60）］分析可知，预计计算的关键环节是进行二重积分运算，由于被积函数是确定的，因此在计算过程中只要准确地判定积分上下限就可以了。积分上下限与开采区域 D 的形状和大小有关。为了减小计算工作量，提高预测精度，针对不规则工作面积分区间的划分，进一步研究了不规则工作面数值积分域的三角形剖分算法，该方法避免了用小矩形划分时的近似性，能有效提高预计精度。不规则工作面的形状如图 4-6 所示。

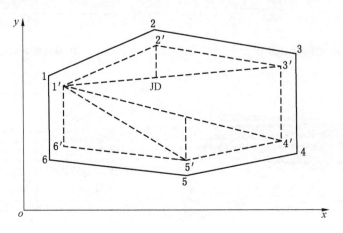

图 4-6　不规则工作面的形状

如图 4-6 所示的工作面由 6 个顶点构成，编号为 1、2、3、4、5、6，x 轴通常选择为平行于工作面的推进方向，y 轴与工作面的推进方向垂直，构成右手直角坐标系。假设其拐点偏移距相同均为 s ，那么考虑拐点偏移距之后的计算工作面如图 4-6 中多边形 1'2'3'4'5'6' 所示。如果拐点偏移距不同，只要求出计算工作面的各顶点坐标，同样可以按照下面所述的方法进行剖分计算。

4.4.1　三角剖分法的原理与步骤

对于静态预计而言，在预计时整个工作面都已开采完毕，根据叠加计算原理，可以将上述工作面划分为不同区域，然后对每个区域开采所引起的地表移动变形进行积分运算，最后再将不同区域的计算结果进行求和，便可得到整个工作面开采对地表影响的最终结果。具体步骤如下：

（1）根据实际开采工作面各顶点（1、2、3、4、5、6）的坐标，考虑走向和倾向拐点偏移距的影响，确定计算工作面各顶点（1'、2'、3'、4'、5'、6'）的坐标。

（2）按顺序对计算工作面的顶点进行编号，起点可以是任意一个顶点，只要按顺序，可以是顺时针编号，也可以是逆时针编号，不影响最终计算结果。

（3）将点 1'、2'、3' 组成三角形 $\triangle 1'2'3'$ ，将 1'、3'、4' 组成三角形 $\triangle 1'3'4'$ ，同理组成三角形 $\triangle 1'4'5'$ 和 $\triangle 1'5'6'$ 。

（4）将各三角形的顶点坐标按 x 值由小到大进行排序，如对于 $\triangle 1'2'3'$ 而言，排好序后 1'、2'、3' 点的 x 坐标应符合 $x_{1'} \leqslant x_{2'} \leqslant x_{3'}$ （具体计算时，将 x 坐标最小的点命名为 1'，次之为 2'，最大的为 3'），其他三角形的顶点坐标排序方法与此相同。

（5）对于某个三角形而言，如果其中的两个顶点坐标相同，如图 4-7 中 $\triangle 1'3'4'$ 所示，其积分区间上下限确定相对简单。

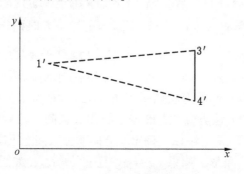

图 4-7　$\triangle 1'3'4'$ 积分区间划分

具体的，$\triangle 1'3'4'$ 积分区间上下限的确定方法为：由于 $x_{3'} = x_{4'}$ ，故 x 方向的上下限确定相对简单，即 $x_{下限} = x_{1'}$ ，$x_{上限} = x_{3'}$ ；y 方向的上下限确定较复杂，需要求出直线 1'4' 和 1'3' 的方程，表达式如下：

$$Y_{1'4'} = y_{1'} + \left(\frac{y_{4'} - y_{1'}}{x_{4'} - x_{1'}} \right)(x - x_{1'}) \tag{4-7}$$

$$Y_{1'3'} = y_{1'} + \left(\frac{y_{3'} - y_{1'}}{x_{3'} - x_{1'}} \right) (x - x_{1'}) \tag{4-8}$$

直线 1'4' 和 1'3' 的方程求出之后，给出一个相应的 x 值便能精确地求出 y 方向的上限和下限，在实际计算时可以根据计算精度的需要，合理确定 x 的变化步长 Δx，Δx 越小计算精度越高，所需时间越长，反之精度越低，时间越短。假设 $\Delta x = \delta$，则 $\triangle 1'3'4'$ 可以分为 n 个计算区间，即 $n = (x_{3'} - x_{1'})/\delta$，计算结果如果不为整数，则 n 值取整再加 1。下面给出各个区间 y 方向积分区间上下限的值。

第 1 个区间：$x_{\text{下限}}^1 = x_{1'}$、$x_{\text{上限}}^1 = x_{1'} + \delta$，$y$ 方向积分区间上下限可确定为

$$\begin{cases} y_{\text{下限}}^1 = y_{1'} + \left[(y_{4'} - y_{1'})/(x_{4'} - x_{1'}) \right] \times \left[(x_{\text{下限}}^1 + x_{\text{上限}}^1)/2 - x_{1'} \right] \\ y_{\text{上限}}^1 = y_{1'} + \left[(y_{3'} - y_{1'})/(x_{3'} - x_{1'}) \right] \times \left[(x_{\text{下限}}^1 + x_{\text{上限}}^1)/2 - x_{1'} \right] \end{cases} \tag{4-9}$$

第 2 个区间：$x_{\text{下限}}^2 = x_{1'} + \delta$、$x_{\text{上限}}^2 = x_{1'} + 2\delta$，$y$ 方向积分区间上下限可确定为

$$\begin{cases} y_{\text{下限}}^2 = y_{1'} + \left[(y_{4'} - y_{1'})/(x_{4'} - x_{1'}) \right] \times \left[(x_{\text{下限}}^2 + x_{\text{上限}}^2)/2 - x_{1'} \right] \\ y_{\text{上限}}^2 = y_{1'} + \left[(y_{3'} - y_{1'})/(x_{3'} - x_{1'}) \right] \times \left[(x_{\text{下限}}^2 + x_{\text{上限}}^2)/2 - x_{1'} \right] \end{cases} \tag{4-10}$$

$$\vdots$$

第 $n-1$ 个区间：$x_{\text{下限}}^{n-1} = x_{1'} + (n-2)\delta$、$x_{\text{上限}}^2 = x_{1'} + (n-1)\delta$，$y$ 方向积分区间上下限可确定为

$$\begin{cases} y_{\text{下限}}^{n-1} = y_{1'} + \left[(y_{4'} - y_{1'})/(x_{4'} - x_{1'}) \right] \times \left[(x_{\text{下限}}^{n-1} + x_{\text{上限}}^{n-1})/2 - x_{1'} \right] \\ y_{\text{上限}}^{n-1} = y_{1'} + \left[(y_{3'} - y_{1'})/(x_{3'} - x_{1'}) \right] \times \left[(x_{\text{下限}}^{n-1} + x_{\text{上限}}^{n-1})/2 - x_{1'} \right] \end{cases} \tag{4-11}$$

第 n 个区间：$x_{\text{下限}}^n = x_{1'} + (n-1)\delta$、$x_{\text{上限}}^n = x_{3'}$，$y$ 方向积分区间上下限可确定为

$$\begin{cases} y_{\text{下限}}^n = y_{1'} + \left[(y_{4'} - y_{1'})/(x_{4'} - x_{1'}) \right] \times \left[(x_{\text{下限}}^n + x_{\text{上限}}^n)/2 - x_{1'} \right] \\ y_{\text{上限}}^n = y_{1'} + \left[(y_{3'} - y_{1'})/(x_{3'} - x_{1'}) \right] \times \left[(x_{\text{下限}}^n + x_{\text{上限}}^n)/2 - x_{1'} \right] \end{cases} \tag{4-12}$$

如果小三角形积分区间的形状如图 4-6 中 $\triangle 1'5'6'$ 所示，那么其积分区间上下限的确定方法与上面的方法类似，先确定 x 的积分区间，然后求直线 1'5' 和 6'5' 的方程，再参照式 (4-9)~式 (4-12) 确定 y 方向积分区间上下限。

（6）对于某个小三角形，如果 $x_{1'} \neq x_{2'}$ 且 $x_{2'} \neq x_{3'}$，如图 4-8 中的 $\triangle 1'2'3'$ 所示，为了合理划分积分区间上下限，需要过 2' 点做垂直于 x 轴的直线，交直线 1'3' 于 J 点，即再将 $\triangle 1'2'3'$ 剖分为两个小三角形：$\triangle 1'2'J$ 和 $\triangle 2'3'J$，然后再采用与步骤（5）相同的方法计算 x 和 y 的积分区间。

当积分区间的顶点大于 6 个或大于 3 个小于 6 个时，均可按照上面的方法进行计算。图 4-6 中的不规则工作面为凸多边形，当工作面为凹多边形时，可将凹多边形划分为多个凸多边形分别计算，再叠加，该方法可以很方便地应用于任意形状工作面开采所引起的地表移动变形预计中。例如，对如图 4-9a 所示的凹多边形工作

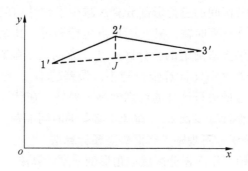

图 4-8　△1′2′3′积分区间划分

面进行预计时，可以将其划分为图 4-9b、图 4-9c、图 4-9d 所示的凸多边形进行预计，然后将预计结果进行叠加即可得到最后的结果。需要说明的是：不管工作面如何划分，只要是划分为凸多边形进行计算，其个数并不影响计算的精度、时间和结果。

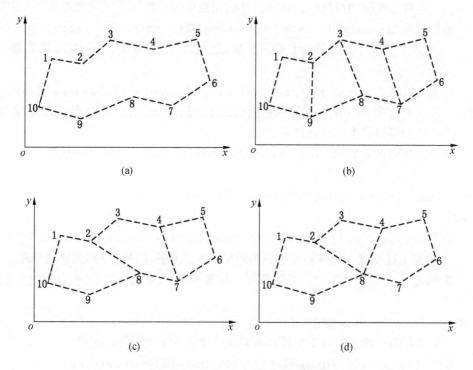

图 4-9　凹多边形工作面剖分示意图

不规则工作面积分区间的三角形剖分算法减少了预计前的数据准备工作，对任意形状的工作面只需在计算时输入其实际顶点坐标即可，其余的计算全都由程序自动完成。理论上，这种方法确定的积分区间在 x 方向上下限确定时没有误差，在 y 方向上下限确定时误差很小（计算步长越小，误差越小），比单纯地将不规则工作面划分为多个小矩形区域进行计算的可靠性高，另外，在计算时还可以根据预计精度的高低，人为地调整计算步长 Δx，避免不必要的时间浪费。

4.4.2　基于三角剖分法的不规则工作面静态预计算法

算法 4-6　不规则工作面积分区域三角形剖分预计算法

Input：工作面顶点坐标 x_i、y_i；概率积分参数 m、q、α、$\tan\beta$、H_1、H_2 等

Output：地表下沉 W，倾斜 Ix、Iy，曲率 Kx、Ky，水平移动 Ux、Uy 和水平变形 Ex、Ey 的静态预计值

Begin

　　初始化数组 x_n、y_n、x'_n、y'_n，W，Ix、Iy，Kx、Ky，Ux、Uy，Ex、Ey 分别保存工作面顶点坐标、计算工作面顶点坐标、地表下沉及变形值

　　初始化数组：triangle1x = zeros（3,1），triangle2x = zeros（3,1），triangle3x = zeros（3,1），等,% 将三角形的三个顶点坐标初始化为 0。triangle1x 代表第 1 个三角形

　　初始化数组 X = zeros（n,1），Y = zeros（n,1），X2 = zeros（n,1），Y2 = zeros（n,1）

　　　% X 和 Y 数组用来保存地表格网点的工作面坐标，X2 和 Y2 数组用来保存地表格网点坐标经转换后的坐标，

　　计算工作面顶点坐标，根据顶点的个数将相应工作面顶点组成三角形

if triangle1x（1）>triangle1x（2）

　　t = triangle1x（1）;triangle1x（1）= triangle1x（2）;triangle1x（2）= t;

ifend

　　% 将 triangle1x（2）与 triangle1x（3），triangle1x（1）与 triangle1x（2）进行比较，重复上述步骤，最终将每个三角形的三个顶点按 x 值由小到大完成排序

　　if triangle1x（1）~ = 0　% 当三角形 x 值最小的顶点的 x 坐标不为零时开始计算

　　if triangle1x（2）= = triangle1x（3）

　　　　%判断三角形的第 2 个顶点与第 3 个顶点的 x 坐标是否相等

　　　　K13 =（triangle1y（3）-triangle1y（1））/（triangle1x（3）-triangle1x（1））;

　　　　K12 =（triangle1y（2）-triangle1y（1））/（triangle1x（2）-triangle1x（1））;

　　　　%计算第 1 个顶点到第 3 个顶点直线的斜率 K13 及 1 点到 2 点的斜率 K12

```
X11=triangle1x(1);X12=triangle1x(2);%对 x 方向的积分区域进行赋值
n_1= round((X12-X11)/interval);% interval 为计算步长，n_1 为积分区间数
for i=1:n_1
    X11=X11;X12=X11+interval;
    Y11=triangle1y(1)+K13*((X12+X11)/2-triangle1x(1));
    Y12=trianglc1y(1)+K12*((X12+X11)/2-triangle1x(1));
    % 根据 x 方向积分区间上下限，计算 y 方向积分区间上下限
    j=1;m=1;k=1;
    for x1=Xzbj:wgjg:Xybj;        %地表点 x 的坐标范围
        for y1=Yxbj:wgjg:Ysbj;    %地表点 y 的坐标范围
            f=@(x,y)(1/r^2)*exp(-pi*((x-x1).^2+(y-y1).^2)/r^2);
            d_w=dblquad(f,X11,X12,Y11,Y12);
              X(m)=x1;
            Y(k)=y1;
            xd=X(m)*cos(Phi*pi/180)-Y(k)*sin(Phi*pi/180)+x0;
            yd=X(m)*sin(Phi*pi/180)+Y(k)*cos(Phi*pi/180)+y0;
            X2(j)=xd; Y2(j)=yd;
            %上面两行代码，实现坐标转换功能
            q_1(j)=d_w;
            %计算地表下沉量，其他移动变形的计算略。
        forend
    forend
            q1=q1+q_ 1;
            X11=X12;
    forend
            W=w0*q1;
    ifend
ifend
End
```

上面的算法仅包括排序后第一个三角形的第二个顶点与第三个顶点的 X 坐标相等时的情况，当其第一个顶点与第二个顶点的 X 坐标相等，或者 3 个顶点的 X 坐标均不相等时，处理方法与上述方法大同小异。在实现此算法的过程中，需要注意以

下几点：一是合理确定不规则工作面开采对地表的影响范围，避免因范围选取过大导致计算时间过长；二是对每个剖分的三角形要判断其是否有 2 个顶点的 X 坐标相等，如果没有则不需要继续剖分，否则，则需要过第二个顶点做垂直于 X 轴的垂线，将其再分为两个三角形进行积分运算；三是根据需要程序中应包括将地面点的工作面坐标转换为目标坐标系下坐标的代码。

4.4.3　工作面坐标系与国家坐标系的转换

在进行地表移动变形预计时，通常是根据工作面位置及形状来确定计算坐标系的，即建立工作面坐标系，如图 4-10 中 xoy 坐标系所示。

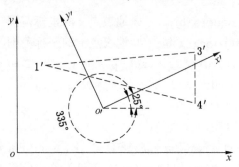

图 4-10　工作面坐标系与目标坐标系

在实际应用中，为了能够将工作面及预测点位和地表已有的地形图对应起来，方便查看使用，通常需要将地面点在工作面坐标系下的坐标转换为该区域地形图所采用的坐标系统的坐标（称为目标坐标系），如图 4-10 中 $x'o'y'$ 坐标系所示。在此转换过程中可以不考虑地面点的高程，只需要进行平面直角坐标系之间的相互转换，转换采用式（4-13）进行。

$$\begin{cases} x' = x\cos\alpha - y\sin\alpha + x_0' \\ y' = x\sin\alpha + y\cos\alpha + y_0' \end{cases} \qquad (4-13)$$

式中　　　x、y——地表某点在工作面坐标系下的坐标；

　　　　x_0'、y_0'——工作面坐标系的坐标原点 o 在目标坐标系下的坐标；

　　　　　α——工作面坐标系 x 轴的正方向到目标坐标系 x' 轴正方向顺时针的夹角，335°或-25°。

在实际转换过程中，难点在于如何确定 x_0' 和 y_0'，以及 α，称为坐标转换参数。

通常情况下，工作面坐标系的设计是在矿区已有地图的基础上进行的，因此在设计的过程中要确定好转换参数，以便后续使用；另外，还可以在此区域找到 2~3 个地物点（称为公共点），这些点既有工作面坐标又有国家坐标系坐标，然后通过式（4-13）反求转换参数，再进行其他点的坐标转换。

为了说明转换过程，以图 4-10 中两坐标轴之间的相对位置关系为例，将 △1'3'4'的 3 个顶点在 xoy 坐标系下的坐标转换为在 $x'o'y'$ 坐标系下的坐标。首先确定转换参数，o 在 $x'o'y'$ 坐标系中的坐标 $x_0' = -188.060$、$y_0' = -5.580$，原坐标系横轴正方向与新坐标系横轴正方向顺时针的夹角 $\alpha = 335°$。转换前后的三角形顶点坐标见表4-1，经验证，转换后的结果完全正确。

表4-1　转换前后的三角形顶点坐标

点号	工作面坐标系		目标坐标系	
	x	y	x'	y'
1'	56.387	166.830	-66.451	121.789
3'	349.198	191.662	209.421	20.547
4'	349.198	94.100	168.189	-67.874

坐标转换参数：$x_0' = -188.060$、$y_0' = -5.580$、$\alpha = 335°$ 或 $-25°$

4.4.4　基于三角剖分法的地表移动变形静态预计实例

某矿概率积分参数为：煤层采深 $H = 300$ m，煤层基本水平即 $\alpha = 0$，采厚 $M = 2.4$ m，下沉系数 $q = 0.70$，主要影响角正切 $\tan\beta = 2.5$，水平移动系数 $b = 0.20$，拐点偏移距 $s = 30$ m。假设该区域下方有一个不规则的工作面，考虑拐点偏移距后的计算工作面各顶点位置如图 4-9 所示，计算工作面各顶点坐标见表 4-2。

表4-2　计算工作面各顶点坐标　　　　　　　　　　　　　　m

点号	1'	2'	3'	4'	5'	6'	7'	8'	9'	10'
x'	107.4	170.2	227.7	317.6	407.2	433.4	356.2	275.3	167.4	80.3
y'	284.3	272.2	320.1	302.4	323.3	238.7	188.4	206.7	161.3	185.8

当采用图 4-9b 划分积分区间时，为了理解地下煤层开采对地表移动和变形的影响过程，依次对每个区间进行静态预计，以便清楚地了解随着工作面的开采地表下沉的发展过程，地表下沉盆地和下沉等值线发展过程如图 4-11 所示。

采用三角形剖分算法对不规则工作面进行积分区间划分，将凹多边形划分为多个凸多边形进行分步计算的方法，几乎适用于所有工作面开采情况下的沉陷预计。

在理论上，计算时只要积分步长划分得足够小，预计精度就会足够高，当积分

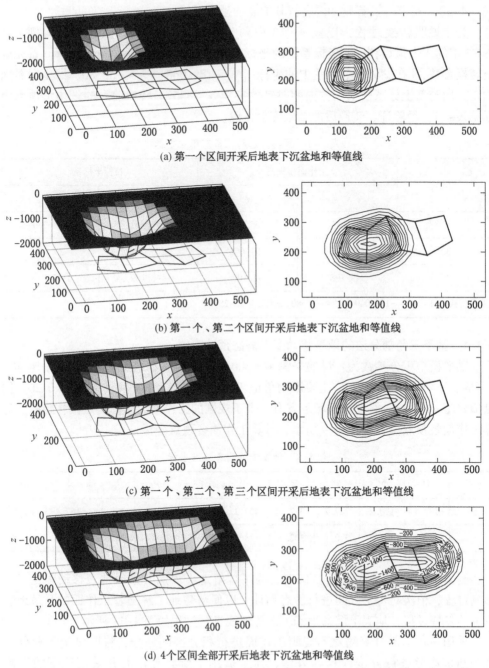

(a) 第一个区间开采后地表下沉盆地和等值线

(b) 第一个、第二个区间开采后地表下沉盆地和等值线

(c) 第一个、第二个、第三个区间开采后地表下沉盆地和等值线

(d) 4个区间全部开采后地表下沉盆地和等值线

图 4-11　地表下沉盆地和下沉等值线发展过程（地表移动稳定后）

步长趋于0时，预计值在算法上不存在误差，但为了节省计算时间，提高效率，在预计时要合理选择积分步长，以适应不同的精度要求；另外，三角形剖分法结合相应的时间函数，在进行指定时间的动态预计时非常高效，能够准确地确定预计时刻工作面的开采位置和积分区域大小。

4.5　基于三角剖分法的不规则工作面动态预计方法

矩形工作面的动态预计方法在前面已经讨论，下面研究当工作面不是矩形时（不规则工作面）地表移动变形的动态预计方法。不规则工作面地表沉陷动态预计方法是在静态预计三角形剖分算法的基础上建立的。本节的主要内容包括：在给定的预计时刻如何确定工作面的开采位置、参与积分计算的区域范围、各动态单元对应的时间函数区间及每个动态单元的积分上下限确定方法等，这些都是不规则工作面动态预计最重要最难解决的问题。不规则工作面动态积分算法的实现涉及工作面顶点的两种排序方式：一种是以工作面 X 坐标最小的顶点作为起点，顺时针或逆时针编号；另一种是以任意顶点作为起点进行顺序编号。第二种方法可以减少数据准备的工作量，在输入工作面坐标时，不必考虑工作面顶点的排序情况，即不必事先对工作面顶点进行人工排序，更加自动化。下面讨论不规则工作面动态预计算法的具体实现过程。

4.5.1　动态积分区域的确定

当以工作面顶点中横坐标最小的点作为起点进行排序时（图4-12），当顶点的 x 坐标最小值有两个时，如图4-12中的顶点1和6所示，此时哪个顶点都可以作为起点进行排序编号。下面讨论如图4-12所示工作面（假定为计算工作面）开采时，在给定预计时刻 T 积分区间的确定方法。

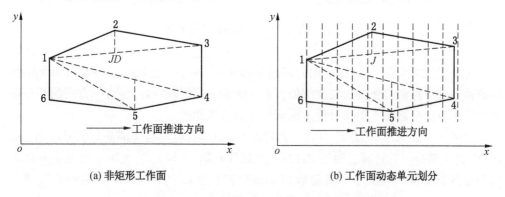

(a) 非矩形工作面　　　　　　　　　(b) 工作面动态单元划分

图4-12　非矩形工作面动态预计积分区间确定方法示意图

动态积分区间的大小与给定的预计时刻 T、工作面的平均推进速度 v 等密切相关。图 4-12b 是按照动态开采单元长度（DL）将工作面划分为 n 个区间的，除了第 n 个区间（最后一个区间）的长度可能不等于 DL 外，其他的从第 1 个到第 $n-1$ 个区间的动态开采单元长度都为 DL。假设在 T 时刻（工作面开始推进的时刻定义为 0）进行动态预计，工作面平均推进速度为 v，那么 T 时刻工作面的推进距离等于 T 与 v 的乘积，如果工作面所在位置处的 X 坐标用 L_t 表示，那么它可用式（4-14）进行计算：

$$L_t = Tv + x_{\min} \qquad\qquad (4-14)$$

式中 $x_{\min}$ ——工作面各顶点横坐标的最小值。

L_t 的坐标确定之后，便可判断图中各个三角形是否在动态预计中参与计算。例如：对于 $\triangle 12J$，首先需要判断其各顶点 x 坐标的最大值 x_2 与 L_t 的大小，如果 $L_t \leqslant x_2$（图 4-13a），则 $\triangle 12J$ 在动态预计时将参与计算，但并非全部参与计算，参与计算的区间大小需要根据 L_t 的位置来决定。由图 4-13a 可知，x 方向的积分区间不是从 $x_1 \rightarrow x_2$，而是从 $x_1 \rightarrow L_t$；$\triangle J23$ 则不会参与计算。

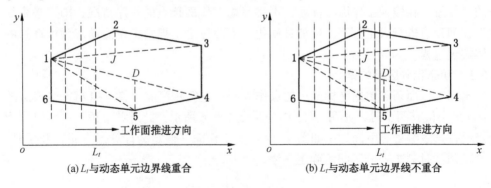

图 4-13 L_t 位置不同时动态积分区间划分示意图

对于 $\triangle 134$ 而言，x 方向的积分区间不再从 $x_1 \rightarrow x_3$，也变为 $x_1 \rightarrow L_t$，其他三角形是否参与计算的判断方法与此类似，当 x 的积分区间确定好之后，y 方向的积分区间的计算方法与静态三角剖分法 y 区间的计算方法相同。

如果 $x_2 < L_t \leqslant x_3$（图 4-13b），$\triangle 12J$ 在动态预计时将会全部参与积分计算，而 $\triangle J23$ 将会部分参与计算。对于 $\triangle 134$，则需要判断 x_4 与 L_t 的大小，以确定具体参与动态计算中的区间大小，进而确定 x 方向积分区间上下限和 y 方向积分区间上下限。

以图 4-13 所示的工作面为例，简要介绍三角剖分算法的基本思想，即将工作面划分为多个三角形，如 $\triangle 123$、$\triangle 134$、$\triangle 145$、$\triangle 156$，在所分的三角形中，$\triangle 123$

和 △145 属于一类，△134 和 △156 属于一类，前者三角形的 3 个顶点的 x 坐标均不相等，后者三角形则有两个顶点的 x 坐标相等。对于前者，在计算中需要分别再将其划分为两个三角形，即 △12J 、△J23 和 △15D 、△D54，然后再分别计算。下面均以 △123 和 △134 为例。

4.5.2 时间函数区间与动态单元积分限的确定

按照动态开采单元长度将工作面划分为 n 个区间，对应的时间函数值的区间也有 n 个。进行动态预计时，首先要确定参与积分计算的区域所包含的动态开采区间数，进而判断每个区间开采所对应的时间函数区间，动态开采区间数的判断和确定可以采用式（4-15）辅助进行。

$$n = \frac{L_t - x_{\min}}{DL} \tag{4-15}$$

式中　DL——动态开采单元长度；

　　　n——在给定的预计时刻（T）已开采的动态单元数。

当坐标为 L_t 的竖直线与动态开采边界线重合时，如图 4-13a 所示，通过式（4-15）计算的 n 为整数，否则 n 不为整数。

根据 L_t 值大小不同，时间函数区间的确定方法可以分为以下 3 种情况：

1. 当 $L_t \leqslant x_2$ 时

由于 △123 属于 3 个顶点的 x 坐标都不相等的情况，在实际计算时，需要将其分解为两个三角形，即 △12J 和 △J23，如果将 △12J 和 △J23 的开采区间个数分别定义为 n_1 和 n_2，当 $L_t \leqslant x_2$ 时，△J23 在动态预计中将不参与计算，此时 $n_2 = 0$；对 △12J 而言（如图 4-13a 所示），在给定的预计时刻，即工作面推进到 $x = L_t$ 时，已经开采的区间可以划分为 n_1 个动态单元，n_1 也可以采用式（4-15）进行计算，即 $n_1 = (L_t - x_{\min})/DL$。由于计算的 n_1 可能为整数也可能为小数，所以，当 n_1 为整数时，△12J 所划分的动态单元数即为 n_1，如果 n_1 不为整数，所划分的动态单元数则为 $n_1 = fix[(L_t - x_{\min})/DL] + 1$。其中：$fix$ 为取整函数，即求取小数的整数部分，不进行四舍五入，此为 MATLAB 语言内置函数。

对于 △134 而言，当 $L_t \leqslant x_2$ 时，其动态单元数的确定方法与 △12J 相同。

1）时间函数区间的确定

根据动态预计原理，每个区间都对应一个时间函数值。

在 $L_t \leqslant x_2$ 的情况下，对于 △12J，无论 n_1 是否为整数，时间函数区间均为：$\Phi(T) \sim \Phi(T - t_1 - \cdots - t_{n_1-1})$，其中：$T$ 为给定的预计时刻，t_1，t_2，$\cdots$，t_{n_1-1} 为开采各动态单元所需要的时间。如果各动态单元开采速度相等，则 $t_1 = t_2 = \cdots = t_{n_1-1} = t$，那么，时间函数区间可重写为：$\Phi(T) \sim \Phi[T - (n_1 - 1)t]$。时间函数区间确定之后，第一个动态区间开采所对应的时间函数值用 $\Phi(T)$ 求得，第二个动态区间开采所对

应的时间函数值用 $\Phi(T-t_1)$ 求得，以此类推，最后一个动态区间对应的时间函数值则用 $\Phi(T-t_1-\cdots-t_{n_1-1})$ 求得。

对于 $\triangle 134$ 而言，其动态区间数和时间函数区间的求取方法与 $\triangle 12J$ 相同，其他三角形的动态区间数和时间函数区间的求取方法可参照 $\triangle 12J$ 的方法或者 $\triangle 134$ 的方法进行确定，在此不再赘述。

2）动态单元积分上限的确定

在 $L_t \leqslant x_2$ 的情况下，无论 n_1 是否为整数，各动态单元的 x 方向的积分域均可按式（4-16）~式（4-18）确定。

第 1 个区间 x 方向的积分上下限为

$$x^1_{\text{下}} = x_1 \qquad x^1_{\text{上}} = x_1 + DL \tag{4-16}$$

第 2 个区间 x 方向的积分上下限为

$$x^2_{\text{下}} = x_1 + DL \qquad x^2_{\text{上}} = x_1 + 2DL \tag{4-17}$$

$$\vdots$$

第 n_1 个区间 x 方向的积分上下限为

$$x^{n_1}_{\text{下}} = x_1 + (n_1 - 1)DL \qquad x^{n_1}_{\text{上}} = L_t \tag{4-18}$$

Y 方向积分上下限的确定，则需要求出相应区间的三角形两条边的直线方程，对 $\triangle 12J$ 和 $\triangle J23$，需要求出直线 13 和 12 的方程，表达式如下：

$$\begin{cases} Y_{13} = y_1 + [(y_3 - y_1)/(x_3 - x_1)](x - x_1) \\ Y_{12} = y_1 + [(y_2 - y_{1'})/(x_2 - x_2)](x - x_1) \end{cases} \tag{4-19}$$

直线 12 和 13 的方程求出之后，给定一个相应的 x 值，便能精确地求出 y 值的上限和下限，在实际计算时根据计算精度的需要，还要对每个动态单元划分积分步长，进而，每一步积分需要按照步长来确定 Y 方向积分上下限，此处只探讨 x 方向积分限的确定。

对于 $\triangle 134$ 而言，其动态积分区间上下限的求取方法与上述方法相同。

时间函数区间和积分步长确定以后，在预计时，首先对每个区间进行面积分，然后再将积分结果乘相应区间的时间函数值，依次求出每个区间的动态预计值，最后将每个区间的计算结果求和，便可得到预计时刻 $\triangle 12J$ 参与计算部分对地表动态移动变形的总影响。

2. 当 $x_2 < L_t \leqslant x_3$ 时

如图 4-14 所示，当 $x_2 < L_t \leqslant x_3$ 时，L_t 在工作面上的位置分布存在 4 种情况。

1）时间函数区间的确定

对于 $\triangle 123$ 而言，首先要确定 n_1 和 n_2，即 $\triangle 12J$ 和 $\triangle J23$ 在预计时刻的动态单元数，需要分别求取。

对于 $\triangle 12J$ 而言，4 种情况下，其动态单元数 n_1 的确定方法均相同，可采用式

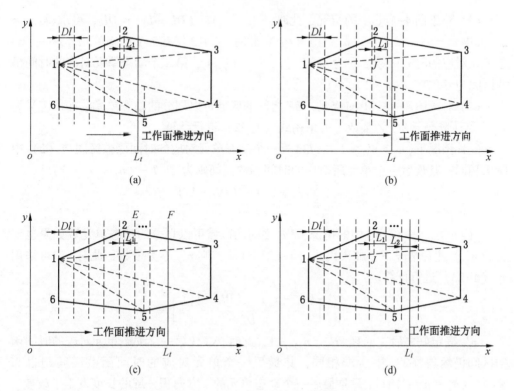

图 4-14 L_t 在工作面上的 4 种位置分布

（4-20）和式（4-21）进行求取。

$$n_1 = \frac{x_2 - x_{\min}}{DL} \qquad (4-20)$$

当 n_1 为整数时，$\triangle 12J$ 的动态区间数即为 n_1，否则，其动态区间数应采用式（4-21）进行计算：

$$n_1 = fix\left(\frac{x_2 - x_{\min}}{DL}\right) + 1 \qquad (4-21)$$

n_1 确定好之后，$\triangle 12J$ 所对应的时间函数区间便可确定，通过前面的分析可知，其每个动态单元对应的时间函数区间范围是：$\Phi(T) \sim \Phi[T - (n_1 - 1)t]$。

对于 $\triangle J23$ 而言，4 种情况下，其动态单元数 n_2 的确定方法则各不相同，具体如下：

（1）对于图 4-14a 中的情况，此时，$L_t - x_2 < DL$，故可知：$n_2 = 1$。此时，$\triangle J23$ 只有一个动态单元，它和 $\triangle 12J$ 最后一个动态单元对应相同的时间函数区间，均为：$\Phi[T - (n_1 - 1)t]$。

（2）对于图 4-14b 中的情况，此时，$(L_t - x_2) - (DL - L_1) < DL$，可求得：$n_2 = 2$。其中 $L_1 = (x_2 - x_{min}) - (n_1 - 1) \times DL$。此时，$\triangle J23$ 仅有 2 个动态单元，第一个动态单元对应的时间函数区间为 $\Phi(T - t_1 - \cdots - t_{n_1-1})$，第二个动态单元对应的时间函数区间为 $\Phi[T - (n_1 - 1)t + 1]$。

（3）对于图 4-14c 中的情况，EF 之间的区域可以划分的动态单元数如果定义为 n'_2，此种情况下 n'_2 为整数，可采用式（4-22）进行计算。

此种情况下，$n_2 = n'_2 + 1$，$\triangle J23$ 第一个动态单元对应的时间函数区间与（2）中所求相同，其最后一个单元所对应的时间函数区间则为 $\Phi[T - (n_1 + n_2 - 1)t]$。

$$n'_2 = \frac{(L_t - x_2) - (DL - L_1)}{DL} \tag{4-22}$$

（4）对于图 4-14d 中的情况，EF 之间的区域可以划分的动态单元数如果也定义为 n'_2。此种情况下，如果用式（4-22）计算，则 n'_2 不为整数，此时 n'_2 可采用式（4-23）进行计算。

$$n'_2 = fix\left[\frac{(L_t - x_2) - (DL - L_1)}{DL}\right] + 1 \tag{4-23}$$

n'_2 确定好之后，同理，$n_2 = n'_2 + 1$，此时 $\triangle J23$ 第一个动态单元对应的时间函数区间仍然与（2）中所求相同，其最后一个单元对应的时间函数区间则也为 $\Phi[T - (n_1 + n_2 - 1)t]$，只是最后一个动态单元的 x 方向积分域的长度发生了改变。

对于 $\triangle 134$ 而言，4 种情况下，其动态单元数 n 及其对应的时间函数区间的确定，均可参照 $\triangle 12J$ 时的求取方法进行。

2）动态单元 x 方向积分上限的确定

对于 $\triangle 12J$ 而言，其前 $n_1 - 1$ 个区间 x 方向的长度都为 DL，因此，其上下限的确定方法相对简单，在此不再列举。下面讨论其最后一个动态区间在 x 方向上下限的确定方法。由图 4-14 可知，4 种情况下，$\triangle 12J$ 最后一个动态区间 x 方向上下限是相同的，其上限为：$x^{n_1}_{上} = x_2$，下限可用式（4-24）求得。

$$x^{n_1}_{下} = x_{min} + (n_1 - 1) \times DL \tag{4-24}$$

对于 $\triangle J23$ 而言，4 种情况下，其第一个区间上下限是相同的，即 $x^1_{下} = x_2$，上限可用式（4-25）计算。

$$x^1_{上} = x_2 + DL - [x_2 - x_{min} - (n_1 - 1) \times DL]$$
$$= x_{min} + n_1 DL \tag{4-25}$$

但是，对于 $\triangle J23$ 而言，4 种情况下，其最后一个区间上下限是不同的，下面分别求取：

（1）对于图 4-14a 中的情况，由于 $\triangle J23$ 只有一个区间，故其最后一个区间也是其第一个区间，求取方法与上面讨论的方法相同。

（2）对于图4-14b中的情况，$\triangle J23$共有两个动态区间，最后一个区间（第二个区间）的下限即为第一个区间的上限用式（4-25）求得，即$x_{\text{下}}^{n2} = x_{\min} + n_1 DL$，上限则为：$x_{\text{上}}^{n2} = L_t$。

（3）对于图4-14c中的情况，$\triangle J23$的第一个区间的下限为x_2，上限用式（4-25）求得，最后一个区间的上限为$x_{\text{上}}^{n2} = L_t$，下限为$x_{\text{下}}^{n2} = L_t - DL$，其他的从第2个到第$n_2 - 1$个由于区间大小都为$DL$，依次类推便可求得。

（4）对于图4-14 d中的情况，$\triangle J23$的第一个区间上下限的求取方法同上，最后一个区间的上限为$x_{\text{上}}^{n2} = L_t$，下限为$x_{\text{下}}^{n2} = L_t - L_2$，其中$L_2$可按式（4-26）求得，其他区间长度相等都为DL，此处不再讨论。

$$L_2 = (L_t - x_2) - (DL - L_1) - (n_2 - 2)DL \qquad (4-26)$$

另外，当$x_2 < L_t \leq x_3$时，L_t的位置还可能存在特殊情况，如图4-15所示。

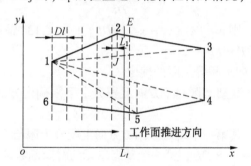

图4-15　特殊情况下L_t的位置

这种情况下，$L_t - x_2 < DL - L_1$，即在预计时刻T动态单元边界线L_t介于过顶点2的铅垂线和铅垂线E之间。此时$\triangle J23$只有一个动态区间参与计算，其下限和上限分别是：x_2和L_t。

对于$\triangle 134$而言，其动态单元所对应的积分限均可参照$\triangle 12J$的求取方法进行。

3. 当$L_t \geq x_3$时

如图4-16所示，在给定的预计时刻T，按照式（4-14）计算的L_t超出工作面的终采线。

1）时间函数区间的确定

对于$\triangle 12J$而言，其动态区间数的计算方法和时间函数区间的确定方法与上面求取方法相同；对于$\triangle J23$而言，其第一个区间的时间函数值与$\triangle 12J$的最后一个时间函数区间相同，为$\Phi[T - (n_1 - 1)t]$，最后一个区间的时间函数值则为$\Phi[T - (n-1)t]$，n值采用式（4-15）进行计算，如果不为整数，则取整加1。

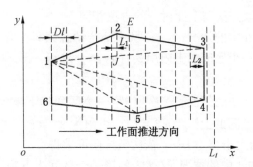

图 4-16　L_t 不同时动态积分区间示意图

对于 △134 而言，其动态单元数 n 按式（4-27）求得

$$n = \frac{x_3 - x_{\min}}{DL} \tag{4-27}$$

如果 n 不为整数，则 $n = fix[(x_3 - x_{\min})/DL] + 1$，△134 最后一个动态单元对应的时间函数区间为 $\varPhi[T - (n-1)t]$。

2）动态单元 x 方向上积分上限的确定

对于 △12J 而言，其动态区间 x 方向上积分上下限确定方法与上面的求取方法相同。

对于 △J23 而言，其第一个动态区间 x 方向上积分上限与上面的求取方法相同，即 $x_{\text{下}}^1 = x_2$、$x_{\text{上}}^1 = x_{\min} + n_1 \times DL$，第一个动态单元的时间函数区间仍为 $\varPhi[T - (n_1 - 1)t]$；△J23 最后一个动态区间长度及 x 方向上积分上下限的确定则需要重新计算，具体为首先计算过 x_3 的边界线和动态区间边界线 E 之间的区间数 n'_2，再确定 n_2，然后计算 $x_{\text{下}}$ 和 $x_{\text{上}}$，n'_2 采用式（4-28）进行计算。

$$n'_2 = \frac{(x_3 - x_2) - (DL - L_1)}{DL} \tag{4-28}$$

$$L_1 = x_2 - [x_{\min} + (n_1 - 1)DL] \tag{4-29}$$

式中　L_1——在 △12J 中坐标为 x_2 的竖直线与其左边最近的动态单元边界线之间的距离，如图 4-14 所示；

n_1—— △12J 划分的动态单元总数。

如果 n'_2 为整数，则 △J23 的动态单元总数 $n_2 = n'_2 + 1$，如果 n'_2 不为整数，则 $n_2 = fix(n'_2) + 2$。

n_2 确定好之后，可知 △J23 最后一个动态单元所对应的 $x_{\text{上}}^{n_2} = x_3$，如果 n'_2 为整数，则下限为 $x_{\text{下}}^{n_2} = x_3 - DL$，否则 $x_{\text{下}}^{n_2}$ 可按式（4-30）求得

$$x_{\text{下}}^{n_2} = x_2 + (DL - L_1) + (n_2 - 2)DL \tag{4-30}$$

△J23 的第二个动态单元的 $x_{下}^2$ 等于第一个动态单元的 $x_{上}^1$，$x_{上}^2$ 等于第一个动态单元的 $x_{上}^1$ 加上 DL，其他以此类推。

对于 △134 而言，关键要确定其最后一个区间的积分上下限，其上限为 $x_{上} = x_3$，下限则为 $x_{下}^n = x_3 - L_2$，L_2 采用式（4-31）求得

$$L_2 = x_3 - x_{min} - (n-1)DL \qquad (4-31)$$

4.5.3　任意起点排序时的动态预计方法

当以工作面任意一个顶点为起点进行顺时针或逆时针排序（图 4-17），在给定的预计时刻 T，动态预计方法的确定可以 4.5.2 节中的方法为基础，加以改进得到。

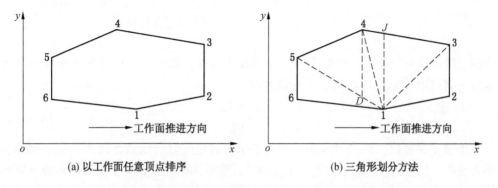

(a) 以工作面任意顶点排序　　　　(b) 三角形划分方法

图 4-17　以工作面任意顶点排序及其三角形划分方法

如果按照如图 4-17a 所示的方式进行排序，其三角形划分方法如图 4-17b 所示，将整个工作面划分为 6 个三角形，即 △123、△J13、△J14、△D14、△D45 和 △156。在进行动态预计时，需要根据工作面的推进位置 L_t 来确定哪些三角形将要参与动态预计中，同时需要确定工作面在推进到某个三角形时，已经开采的动态区间数，进而确定该三角形涉及的动态区间对应的时间函数区间。任选工作面位置 L_t 及各动态区间划分如图 4-18 所示。

由图 4-18b 可知，6 个三角形中，除了 △123 以外其余三角形全部或部分参与动态预计计算，某个三角形是否参与计算，可以用三角形顶点中最小的 x 坐标点与 L_t 进行比较。对于 △123 而言，由于 $x_1 < L_t$，△123 不参与计算；对于 △D14 而言，由于 $x_4 < L_t < x_1$，△D14 部分参与计算；对于 △D45，由于 $L_t > x_4$，△D45 全部参与计算。每个参与计算的三角形的动态单元数、动态区间积分上下限的求取方法与 4.5.2 节中的方法类似。下面讨论时间函数区间的判断方法。

由于三角形的顶点不再按照 x 坐标最小的点为起点进行排序，因此，在算法中需要包括求取工作面顶点 x 坐标最小值 x_{min} 的步骤。通常情况下，动态单元划分是以工作面顶点 x 坐标最小的点开始，按照周期来压步距或其他经验值为间隔进行划

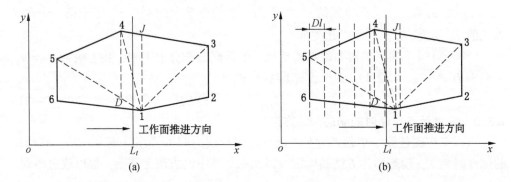

图 4-18　任选工作面位置 L_t 及各动态区间划分

分的，所以，对于某个三角形来说，以 $\triangle D14$ 为例，其第一个动态单元对应的时间函数区间可以采用式（4-32）来辅助判断。

$$n = \frac{x_4 - x_{\min}}{DL} \tag{4-32}$$

如果 n 为整数，则 $\triangle D14$ 第一个动态单元对应的时间函数区间为 $n+1$，如果 n 不为整数，则应为 $fix[(x_4 - x_{\min})/DL] + 1$。按照这种方法，每个参与计算的三角形第一个动态单元对应的时间函数区间便可求出，它们的第二个、第三个动态单元对应的时间函数区间则依次加 1 即可。

4.5.4　凹多边形工作面的动态预计方法

前面讨论的动态预计方法都是基于凸多边形的（图 4-18），但现实中的不规则工作面并不都是凸多边形，还可能存在如图 4-19 所示的凹多边形。

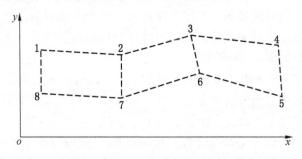

图 4-19　凹多边形工作面示意图

这类工作面开采进行地表移动变形动态预计时，就不能采用同凸多边形工作面完全相同的方法，需要采用如下步骤：

步骤 1：将如图 4-19 所示的凹多边形转换为多个凸多边形，如将其分为 3 个凸多边形 1278、2763 和 3456。

步骤 2：将工作面顶点及地面预测点的坐标从国家坐标系转换到工作面坐标系。工作面坐标系是以第一个凸多边形的工作面坐标系为标准，即以四边形 1278 的走向为 x 轴、倾向为 y 轴建立的坐标系，坐标系原点可以选择在边 18 的中点处，也可以与国家坐标系坐标原点相同，此处选择在边 18 的中点处，如图 4-20 中 $x'o'y'$ 坐标系（命名为工作面坐标系 1）所示。

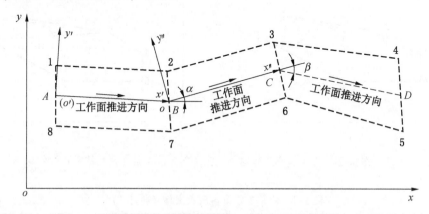

图 4-20 工作面推进方向及相互夹角示意图

步骤 3：在工作面坐标系 1 中对凸四边形 1278 按照上面的方法对地面预测点按照一定的排列方式进行移动变形动态预计。

步骤 4：在给定的预计时刻 T，如果 $L_t > x_2$（x_2 为多边形 2367 中 x 坐标最小的顶点），那么，多边形 2736 将会部分或全部参与计算。由于在多边形 2736 中，工作面推进方向发生了改变，在动态预计时需要将工作面坐标和地面预测点坐标再转换为以多边形 2736 定义的工作面坐标系 $x''o''y''$（定义为工作面坐标系 2），此坐标系的定义方法与多边形 1278 相同。

步骤 5：在工作面坐标系 2 中，对多边形 2736 同样按照上面的方法对地面预测点按照同样的排列方式进行移动变形动态预计。

步骤 6：按照与步骤 4 相同的方法，对多边形 3456 进行判断，如果其参与计算，在其相应的工作面坐标系下，对地面预测点按照同样的排列方式进行动态预计。

步骤 7：按照预计时的顺序将地面预测点在每个多边形下的计算结果进行求和，即可得到各地面预测点在预计时刻 T 的总体结果，预计结果输出一般采用（x，y，w）的格式，其中，坐标 x、y 可以是预测点在上述任何坐标系下的坐标，主要根据预计要求进行选择。

4.5.5　不规则工作面动态预计算例一

某矿的平均开采深度 $H_0 = 310$ m，法向开采厚度为 1.45 m，煤层倾角为 12°，覆岩岩性类型属于中硬，采用全部垮落法管理顶板。已知该矿的概率积分参数经验值：$q = 0.76$、$\tan\beta = 2.2$、$s_0 = 0.1H_0$、$b = 0.36$，工作面平均推进速度为 2 m/d。凸多边形工作面及其三角剖分示意如图 4-21 所示，计算工作面各顶点坐标见表 4-3。

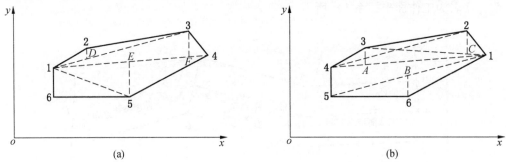

图 4-21　凸多边形工作面及其三角剖分示意图（两种排序）

表 4-3　计算工作面各顶点坐标（排序 1）　　　　　　　　　　　　　　m

点号	1	2	3	4	5	6
X	119.796	201.683	445.254	492.249	304.075	119.796
Y	160.851	219.356	269.270	198.263	72.905	76.805

下面分别预计在工作面推进的 4 个阶段开采引起的地表点下沉，第一个阶段：工作面推进到 MN 处（图 4-22），此时工作面距开切眼处的距离是 128 m，平均需要 64 d；第二个阶段：工作面推进到 OP 处（图 4-22），此时工作面距开切眼的距离是 246 m，平均需要 123 d；第三个阶段：整个工作面开采刚结束时，此时工作面距开切眼的距离大约为 374 m，平均需要 187 d；第四个阶段：地表下沉稳定后，根据经验公式地表下沉稳定时间约为 $2.5H_0$。由此可知，地表从开始移动到稳定大概需要 775 d。

（1）当工作面推进到 MN 位置时，地表下沉等值线和下沉盆地如图 4-23 所示。

（2）当工作面推进到 OP 位置时，地表下沉等值线和下沉盆地如图 4-24 所示。

（3）当工作面开采刚结束时，地表下沉等值线和下沉盆地如图 4-25 所示。

（4）下沉稳定后，地表下沉等值线和下沉盆地如图 4-26 所示。

为了验证图 4-21 中顶点不同排序方法的预测结果是否一致，随机确定一个预测时刻 T，假设在 T = 250 d 时进行动态预计，比较其预测下沉等值线，如图 4-27 所示。

由预测结果可知，无论工作面顶点采用图 4-21 中的哪种排序方式，预测结果

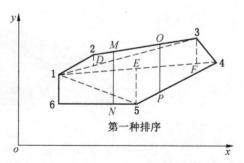

图 4-22 MN 和 OP 在工作面的具体位置

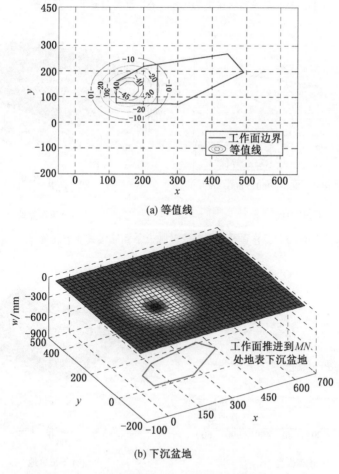

(a) 等值线

(b) 下沉盆地

图 4-23 工作面推进到 MN 时地表下沉等值线和下沉盆地

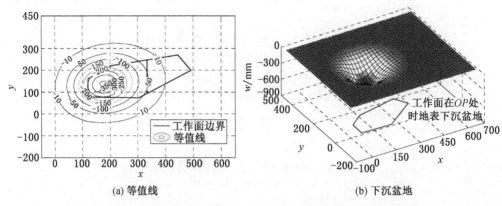

(a) 等值线　　　　　　　　　　　　(b) 下沉盆地

图 4-24　工作面推进到 *OP* 时地表下沉等值线和下沉盆地

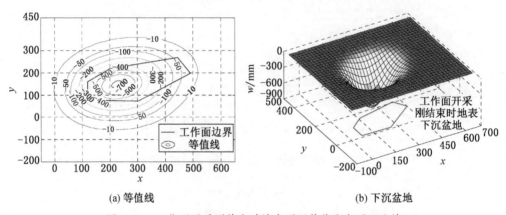

(a) 等值线　　　　　　　　　　　　(b) 下沉盆地

图 4-25　工作面开采刚结束时地表下沉等值线和下沉盆地

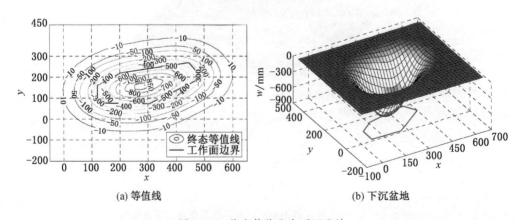

(a) 等值线　　　　　　　　　　　　(b) 下沉盆地

图 4-26　终态等值线和下沉盆地

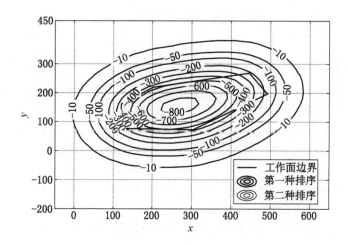

图4-27 顶点两种排序方法预测的等值线 （$T = 250$ d）

完全一致，两种方式预测的下沉等值线是完全重合的。通过多次试算可知，无论在哪个预计时刻，两种方式的预测结果均相同，因此，在工作面坐标输入时可以用工作面的任意顶点作为起点进行排序。

图4-23~图4-26是当 $T = 64$ d、123 d、187 d、1000 d预计时得到的动态下沉等值线和下沉盆地。需要强调的是，$T = 187$ d时的预计结果并不是工作面开采后第187 d的下沉结果，还需要减去从工作面开采到引起地表下沉的延迟时间。假设延迟时间为58 d，那么图4-25的预测结果应是从工作面开采影响传递到地表后第129 d时的地表下沉结果，其他的也需要减去延迟时间，即如果要预测地表开始下沉后第200 d的结果，在预计时刻 T 需要输入的值是258 d。延迟时间的计算方法将在动态预计实例验证中进行讨论，具体见5.2.2节。

4.5.6 不规则工作面动态预计算例二

算例一对凸多边形工作面开采引起的地表下沉进行了动态预计，接下来对凹多边形工作面开采引起的地表移动变形进行动态预计，同时说明在进行凹多边形工作面开采时的注意事项。本算例在预计时，采用与算例一相同的预计参数和工作面开采条件参数，凹多边形工作面示意如图4-28所示，计算工作面各顶点坐标见表4-4。

表4-4 计算工作面各顶点坐标
m

点号	1	2	3	4	5	6	7	8
X	199.023	342.653	476.572	638.337	644.572	492.572	348.023	199.023
Y	471.341	463.341	498.388	480.176	387.388	429.433	385.341	392.341

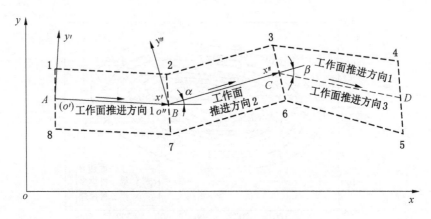

图 4-28　凹多边形工作面示意图

　　凹多边形工作面进行动态预计时，首先需要结合工作面推进方向，将工作面分解为多个凸多边形工作面。对于如图 4-28 所示的工作面，可以将其分解为 3 个凸多边形工作面 1278、2367 和 3456，然后分别对这 3 个凸多边形工作面进行动态预计，再进行叠加求和得到最终结果。

　　预计时，除了遵循 4.5.4 节中的步骤以外，还需要注意以下两点：①在进行坐标系相互转换时，最好使不同的坐标系共用一个坐标原点，转换时只需要将坐标轴进行适当旋转即可，如当多边形 2367 各顶点及地面预测点的坐标从工作面坐标系 1 转换到工作面坐标系 2 时，只需要将工作面坐标系 1 逆时针旋转角度 α 即可；同理，当工作面坐标系 1 转换为工作面坐标系 3 时，只需要将工作面坐标系 1 顺时针旋转角度 β 即可。这样做既不影响计算结果，也方便编程实现。②当多边形工作面 1278 开采完毕时，如果停采一段时间再继续开采工作面 2367，那么工作面 2367 进行动态预计时，需要加上停采的时间天数。

　　为了了解在不同预计时刻地表下沉动态预计的发展过程，预计时也同样选择了 4 个阶段，即当多边形工作面 1278、2367、3456 推进完毕的时刻（分别需要 74 d、146 d、226 d），以及当 T 取较大数值的时刻（地表移动稳定后）进行预计，以比较地表移动变形的动态发展变化情况。为节省篇幅，在 T = 74 d 和 146 d 时，仅列举其动态下沉计算结果，其他移动变形预计结果在此不再列举；在 T = 226 d 时列举其 x 方向的倾斜、曲率、水平移动和水平变形的动态预计结果，具体如下。

　　（1）T = 74 d 时，动态下沉等值线与下沉盆地如图 4-29 所示。

　　（2）T = 146 d 时，动态下沉等值线与下沉盆地如图 4-30 所示。

　　（3）T = 226 d 时，各等值线与三维图形如图 4-31~图 4-35 所示。

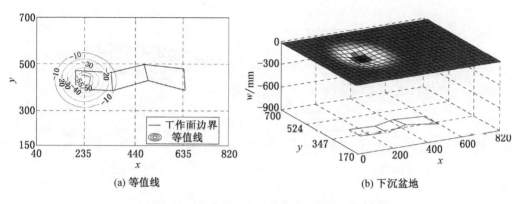

(a) 等值线　　　　　　　　(b) 下沉盆地

图 4-29　动态下沉等值线与下沉盆地（T = 74 d）

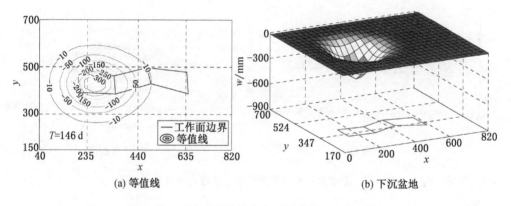

(a) 等值线　　　　　　　　(b) 下沉盆地

图 4-30　动态下沉等值线与下沉盆地（T = 146 d）

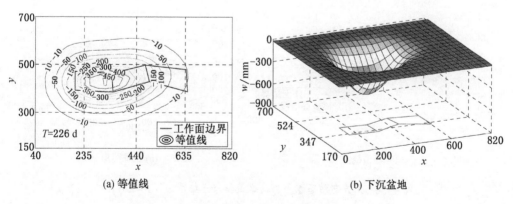

(a) 等值线　　　　　　　　(b) 下沉盆地

图 4-31　动态下沉等值线与下沉盆地（T = 226 d）

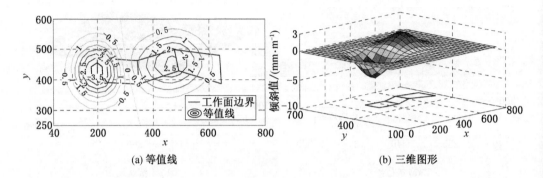

(a) 等值线　　　　　　　　　　　　(b) 三维图形

图 4-32　动态倾斜等值线与三维图形（$T = 226$ d）

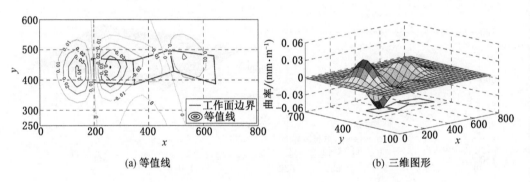

(a) 等值线　　　　　　　　　　　　(b) 三维图形

图 4-33　X 方向动态曲率等值线与三维图形（$T = 226$ d）

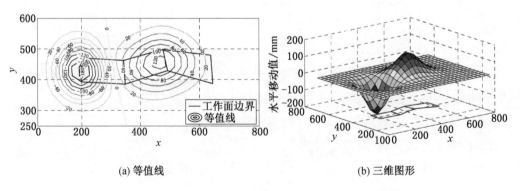

(a) 等值线　　　　　　　　　　　　(b) 三维图形

图 4-34　X 方向动态水平移动等值线与三维图形（$T = 226$ d）

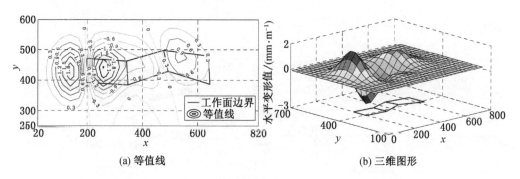

(a) 等值线   (b) 三维图形

图 4-35 X 方向动态水平变形等值线与三维图形 ($T = 226$ d)

（4）$T = 6000$ d 时（终态），各等值线与三维图形如图 4-36~图 4-40 所示。

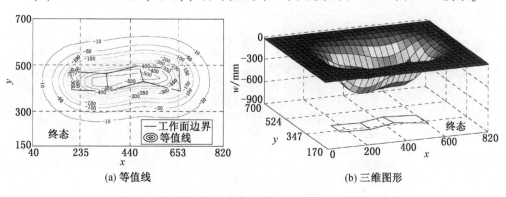

(a) 等值线   (b) 三维图形

图 4-36 动态下沉等值线与下沉盆地（终态）

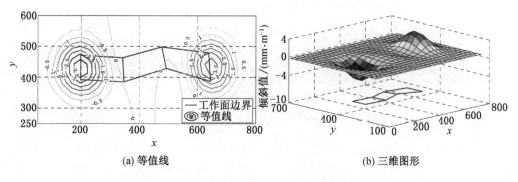

(a) 等值线   (b) 三维图形

图 4-37 X 方向倾斜等值线与三维图形（终态）

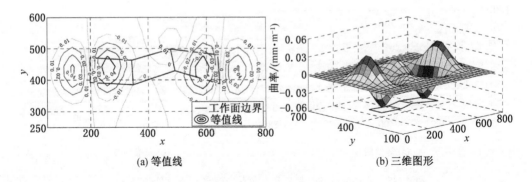

(a) 等值线 (b) 三维图形

图 4-38 X 方向曲率等值线与三维图形 (终态)

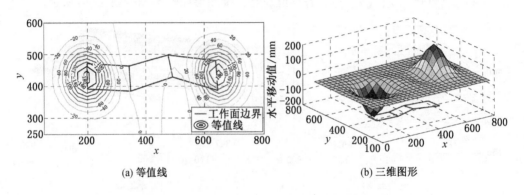

(a) 等值线 (b) 三维图形

图 4-39 X 方向水平移动等值线与三维图形 (终态)

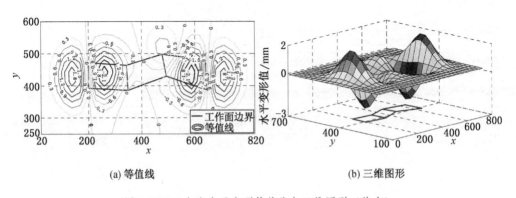

(a) 等值线 (b) 三维图形

图 4-40 X 方向水平变形等值线与三维图形 (终态)

由算例一和算例二可以看出，动态预计时，当工作面推进到某个位置时，由于开采影响的延迟作用，此时工作面正上方地表点的下沉值为 10~50 mm。例如，算例一中，当工作面推进到 MN、OP 以及边界处时；算例二中，当 $T=74$ d、146 d、226 d 时，但是当工作面推进到某个位置时，其正上方地表点的终态下沉值则要大得多。以算例二中 $T=146$ d 时为例，比较其动态和静态下沉等值线的变化趋势，如图 4-41 所示。

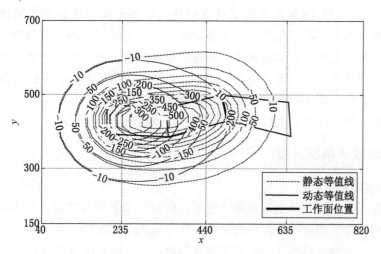

图 4-41　开采 146 d 时动态与静态下沉等值线变化趋势（$T=146$ d）

比较工作面开采 146 d 时的动态预计结果和工作面开采到此处的静态预计结果可知，当工作面推进到图 4-41 中的实线位置时，其正上方地表点的动态下沉量约为 10 mm，但其静态下沉量达到 250 mm。这是由于经过足够长的时间之后，所有已经开采的工作面导致的岩层移动传递到了地表，且达到该地质采矿条件下的最大值，而在进行动态预计时，工作面前方已经开采的部分引起的岩层移动传递到了地表，但刚开采部分煤层的影响尚未传递到地表，这是相同的地表点动态下沉量比静态下沉量小的主要原因。另外，等值线的变化趋势也会随着工作面推进方向的改变而改变。

5　动态预计系统开发与实例验证

　　本章采用 MATLAB 软件开发了任意形状工作面开采地表移动变形沉陷预计系统。该系统可对水平煤层和缓倾斜煤层不同采深、不同形状的多工作面开采进行地表移动变形的静态预计和动态预计，具有较强的图像处理功能，避免了采用第三方软件进行数据处理这一流程，提高了效率，增强了应用效果。采用钱家营煤矿 1176 东工作面及官地煤矿 29401 工作面的实测数据对任意形状工作面开采地表移动变形沉陷预计系统的预计结果进行验证，证明了系统的稳定性和可靠性。

5.1　动态预计系统开发

5.1.1　系统功能设计

　　在任意形状工作面开采地表移动变形沉陷预计系统开发之前，首先需要明确系统应具备的功能，即进行系统功能设计，具体如图 5-1 所示。该预计系统主要包括两大模块：一是地表移动变形的稳态预计模块；二是地表移动变形的动态预计模块。

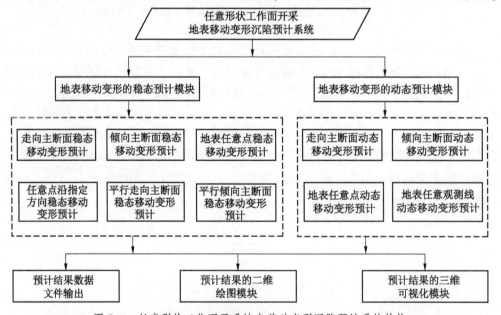

图 5-1　任意形状工作面开采地表移动变形沉陷预计系统结构

　　稳态预计模块包含6个子模块，动态预计模块包含4个子模块，在实际应用中，应根据需要选择相应的模块进行预计。另外，动态预计模块和稳态预计模块都对应预计结果输出、预计结果二维绘图及三维可视化3部分。

　　任意形状工作面开采地表移动变形沉陷预计系统重点解决动态预计模块的实现问题，这是整个预计系统中最重要和最难实现的部分。从理论上讲，当预计时刻T取值很大时（大于地表移动总时间），动态预计模块的计算结果与稳态预计模块的计算结果是完全一致的，但是，当用动态预计模块进行静态预计时，计算效率明显降低，耗时增加，为了提高应用效率，分别开发了稳态预计模块和动态预计模块。

5.1.2　系统使用说明

　　任意形状工作面开采地表移动变形沉陷预计系统具有比较全面的动态和稳态开采沉陷预计及数据处理功能，在使用前，要根据实际工程需要选择图5-2a中相应的功能模块进行预计，每个功能模块都对应类似于图5-2b中的参数输入窗口。在参数输入窗口有关于参数输入原则的说明，这有助于预计时正确地进行参数输入，避免计算错误及浪费大量时间。

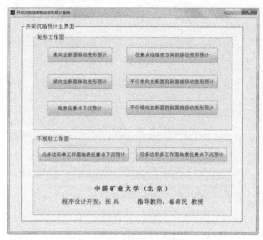

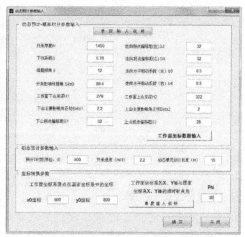

(a) 程序运行主界面　　　　　　　　　　(b) 动态预计参数输入窗口

图5-2　系统运行主界面及参数输入窗口

　　如果工作面不是矩形，参数输入窗口设计有"工作面坐标数据输入"栏，点击可弹出如图5-3a所示的坐标输入窗口，在此窗口下，还可以设定地面点预计格网间隔及积分步长，积分步长可以根据精度要求适当增大或减小。如果进行动态预计，需要输入动态预计参数，动态预计参数有3个，即预计时刻T、开采速度v和动态单元划分长度，时间函数的两个参数t和τ会在程序中自动求取。如果需要进行坐标转换，则需要在坐标转换参数栏输入相应的参数，转换参数主要有 3 个，即工作面坐标系原点在目标坐标系下的坐标 x_0、y_0，以及工作面坐标系 x 轴顺时针旋转到目标坐标系 x 轴的夹角。

(a) 工作面坐标输入窗口

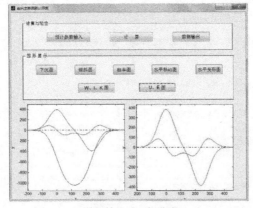
(b) 数据输出及可视化窗口
图 5-3　工作面坐标输入窗口和数据输出及可视化窗口

当参数输入完毕后，点击确定，关闭窗口，返回如图 5-3b 所示的窗口，点击"计算"按钮。对于某些较大工作面，在进行地表下沉盆地预计中耗时较长，在程序中专门设置了计算进度条，如图 5-4a 所示。程序计算完成后会弹出提示窗口，如图 5-4b 所示，然后关闭提示窗口，点击"数据输出"按钮，这样预计结果就会保存到程序所在的目录下，以程序中事先设定的 Excel 文件名进行保存。在图形显示栏中，点击"下沉图""倾斜图""曲率图""水平移动图"和"水平变形图"，即可在坐标系中自动显示预计结果图形（图 5-3b），图形可单独绘制，也可以将它们进行组合，然后绘制在同一个坐标系下进行比较，非常直观方便。

根据图形形状，结合先前经验，可对预计结果的正确性做出初步判断，如果有

(a) 计算过程进度条

(b) 计算完成提示窗口

图5-4　计算过程进度条及计算完成提示窗口

明显错误，可返回检查参数输入是否有误或检查其他相关环节，以确定错误产生的具体原因。图形的实时显示降低了对错误的排查难度，有效提高了程序的使用效率。

　　凹多边形工作面开采引起的地表移动变形动态预计相对复杂，在前面章节已经讨论过，其主要原理是结合工作面的推进方向和实际开采情况将工作面合理地划分为多个凸多边形工作面，分别计算再求和。在设计该程序时，考虑了将凹多边形工作面划分为6个凸多边形工作面的情况，每个凸多边形工作面最多可以有10个顶点，因此从理论上讲，该程序可以预计最多由60个顶点所围成的复杂形状工作面开采所引起的地表移动变形。凹多边形工作面预计主界面如图5-5a所示，在预计时分别对所划分的凸多边形进行预计参数输入，输入完毕后，从第一个工作面开始计算，直到最后一个工作面。计算完成后，可以选择输出预计结果、绘制下沉等值线和下沉盆地，相应的图形则会自动显示在如图5-5b所示的坐标系下。

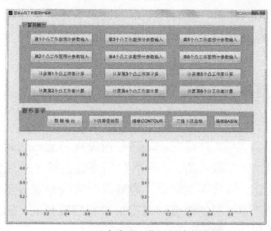

(a) 凹多边形工作面预计主界面

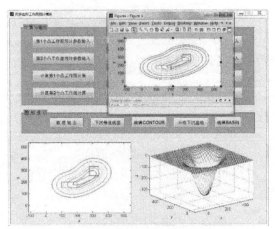

(b) 图形显示与编辑窗口

图 5-5 凹多边形工作面预计主界面及图形显示与编辑窗口

为了用图方便，在程序中还设置了图形编辑功能模块，如点击"编辑 CON-TOUR"，程序会自动弹出如图 5-5b 右上角所示的等值线编辑窗口，对其进行编辑，可控制等值线的显示间隔，也可选择性地显示所需要的等值线。通过编辑需要的图形，可使图形更美观漂亮，以达到出图的目的。

上面只对几个功能模块的使用过程进行了简要说明，其他功能模块的使用方法与此大同小异，不再赘述。

5.2 节及 5.3 节结合两个实例说明应用功能模块进行动态预计时的参数确定方法、计算工作面的求取方法等，并对几个不同地质条件下工作面开采引起的地表移动变形进行了预计，将预计结果和实测结果进行比较计算预计精度，从而验证了算法的正确性及可靠性。

5.2 动态预计模型算法实例验证一

5.2.1 钱家营煤矿 1176 东工作面地表下沉动态预计

钱家营煤矿于 1988 年 12 月建成，2003 年时原煤产量已达到 5.6 Mt，该矿范围内工厂、村庄等建筑物分布较密集，"三下"压煤量占整个可采储量的 72.8%。为了更好地指导村庄搬迁，解放煤炭储量，需要及时准确地掌握工作面开采对地表造成的破坏情况以及对开采引起的地表移动变形进行准确预测，因此，首先要建立地表观测站以获取相关预计参数。

1176 东工作面位于一采区东翼下方，根据工作面坐标计算的工作面走向长度为

1015 m，倾向长度为 160 m，上覆岩层为中硬岩层，地面起伏不大，较平坦，平均标高为+19.3 m，煤层平均采厚为 2.9 m，平均倾角为 8°，工作面上山方向采深为 454 m，工作面下山方向采深为 474 m，工作面从 1999 年开始回采，平均推进速度约为 2.5 m/d。1176 东工作面观测站沿马路布设了两条观测线，其中东线设置了 30 个观测点，从 1999 年 4 月 22 日第 1 次观测开始到 2001 年 10 月 1 日为止，共进行了 18 次观测。转换前测点分布与工作面的位置关系如图 5-6 所示（测量坐标系）。

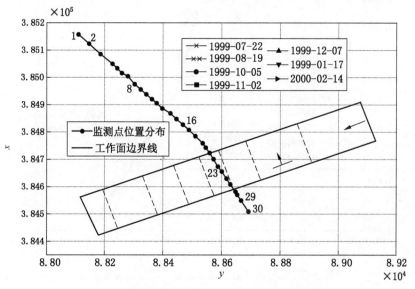

图 5-6　坐标转换前测点分布与工作面的位置关系

该工作面的走向为充分采动，倾向为非充分采动，根据《三下采煤规范》相关下沉系数的计算公式，计算出下沉系数 $q = 0.96$，下山方向主要影响角正切 $\tan\beta_1 = 2.1$，上山方向主要影响角正切 $\tan\beta_2 = 1.9$，拐点偏移距为 24 m，开采影响传播角为 84.4°。1176 东工作面原始坐标与转移后坐标见表 5-1。

表 5-1　1176 东工作面原始坐标与转换后坐标

点号	转换前		转换后	
	x	y	x	y
1	384421.970	88179.350	168845.548	285407.599
2	384559.760	88115.994	168752.384	285918.553
3	384908.200	89075.663	168601.245	285931.080
4	384767.270	89128.142	168601.242	284910.113

动态预计与静态（稳态）预计有着本质的不同、需要考虑工作面的推进方向、推进速度和推进距离等因素。由于 1176 东工作面的推进方向与坐标系的 y 轴（测量坐标系）不平行，根据算法设计，在进行动态预计时，应保证推进方向与 y 轴的正方向平行，因此需要对原坐标系进行转换，转换后的坐标见表 5-1，转换后的测点分布与工作面的位置关系如图 5-7 所示。

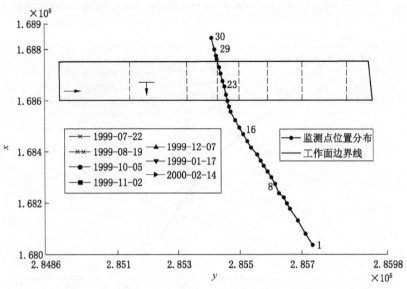

图 5-7　坐标转换后测点分布与工作面的位置关系

5.2.2　动态预计参数的确定

对该工作面进行动态预计时，首先需要确定概率积分参数和动态预计参数，概率积分参数已经给出，接下来讨论动态预计参数 τ（有时用 tua 表示）和 c 值的确定方法，主要有两种：一是直接计算法；二是反算法。

1. 直接计算法

因为煤层倾角不为 0°，根据式（3-92），考虑 $\tan\beta_1$ 和 $\tan\beta_2$ 的不同，参数 c 可按下式计算：

$$c = \frac{-v\ln 0.04}{\dfrac{H_0}{\dfrac{\tan\beta_1 + \tan\beta_2}{2}} + \dfrac{s_1 + s_2}{2}} \tag{5-1}$$

式中　H_0——平均开采深度；

s_1——下山方向拐点偏移距；

s_2——上山方向拐点偏移距;

v——工作面平均推进速度。

将相关概率积分参数代入,求出 c 值为 0.032,单位为 1/d,如果将其单位换算为 1/a,则 c 值为 11.68。

根据式(3-77),结合式(3-91),参数 τ 可按下式计算:

$$\tau = \frac{\dfrac{H_0}{\dfrac{\tan\beta_1 + \tan\beta_2}{2} + \dfrac{s_1 + s_2}{2}}}{v} \tag{5-2}$$

将相关参数代入后,求得 τ 值为 102.4,这个值是通过理论求取的,在实际预计中,还应该加上工作面开采传播到地表所需要的时间,称为"延迟时间",用 DT(Delay Time)表示,DT 的求取可按下式进行:

$$DT = \frac{\dfrac{0.25H_0 + 0.5H_0}{2}}{v} \tag{5-3}$$

通过对大量的实测数据分析可知,当工作面的开采长度为 $0.25H_0 \sim 0.5H_0$ 时,地下开采的影响将会传递到地表,式(5-3)便是利用这一原理得出的,将 1176 东工作面的平均采深和开采速度代入可求得 $DT = 69.6$,因此,进行预计时 τ 值应为计算值(102.4)和延迟时间(69.6)之和,即 172。

2. 反算法

当应用实测数据反求时间函数的参数时,要选择最大下沉点或与最大下沉点相邻的地表监测点的实测数据进行,或选取其中的 2~3 个点同时反算求参,最后求取参数的平均值作为最终参数值。实测数据反算法的主要步骤如下:

(1)根据地表实测下沉量:地表移动静止时的最大下沉量,求取所对应的时间函数值(即每次实测下沉量除以最大下沉量)。

(2)将首次观测的时间定义为 0,再根据观测时间间隔确定每次观测距离首次观测的相对观测天数。

(3)将相对观测天数当作 x 轴,实测时间函数值作为 y 轴,绘制"时间—函数值"曲线。

(4)绘制理论时间函数图像,然后不断调整时间函数的参数 τ 和 c,最后比较理论时间函数和实测时间函数的图像形态,选取与实测图像最吻合的理论图像形态所对应的参数值作为 c 和 τ。

下面以 1176 东工作面 23 号点的实测数据为例,说明时间函数的参数求取方法。首先按照上述步骤求出相对观测时间和对应的时间函数值,见表 5-2,表 5-2 中列举了前 15 次的观测数据，比较分析实测数据可知，地表移动在 2000 年 9 月 14 日基本达到稳定状态。然后以表 5-2 中第 3 列数据作为 x 轴，第 5 列数据作为 y 轴，绘制实测时间函数曲线图像，如图 5-8 所示。

表 5-2　实测数据反算法求参计算表

观测次数	观测时间	相对观测时间/d	地表下沉量/mm	对应的时间函数值
1	1999-05-01	0	0	0
2	1999-05-18	17	−20	0.013
3	1999-07-22	82	−99	0.063
4	1999-08-19	110	−264	0.168
5	1999-09-02	124	−322	0.205
6	1999-10-05	157	−503	0.321
7	1999-11-02	185	−870	0.555
8	1999-12-07	220	−1238	0.790
9	1999-12-17	230	−1287	0.821
10	2000-01-17	261	−1421	0.906
11	2000-02-14	289	−1512	0.964
12	2000-03-21	325	−1507	0.961
13	2000-05-08	373	−1517	0.967
14	2000-06-12	408	−1540	0.982
15	2000-09-14	502	−1568	1.000

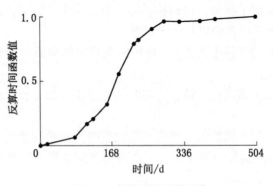

图 5-8　实测时间函数图像

对比实测时间函数图像和理论时间函数图像（图 5-9），当时间函数的两个参数 c 和 τ 的值分别为 0.030 和 170 时，理论时间函数曲线和实测时间函数曲线较接近，也可以用一个合理的参数区间来表示，即 $c \in [0.30 \sim 0.35]$、$\tau \in [170 \sim 180]$。当采用 21 号点和 25 号点的各期下沉数据进行反算时得到的 c 和 τ 的最佳值均为 0.032 和 176。

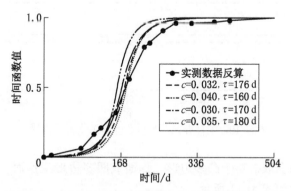

图 5-9　实测时间函数图像与理论时间函数图像对比

需要说明的是：不论是概率积分法还是典型曲线法，或其他的预计方法，都用一个接近地表实际下沉规律的理论曲线来预计地表的移动变形。由于地表的实际下沉过程受地质采矿条件的影响，很难使理论曲线和实测曲线完全吻合，这是现有预计方法存在的不足之处。在实际预计中，很难找到完美的模型做到精确预计，所能做的是：合理选取预计参数，尽量使理论曲线和地表实际下沉曲线达到较好地吻合，从而降低预计误差，以满足实际工程需要。

对比两种方法的计算结果可知，采用"直接计算法"求参与采用"反算法"求参所得到的结果基本一致，不同的是采用第一种方法，参数可以利用计算机自动计算，而采用第二种方法则需要人工计算参数，较烦琐。

5.2.3　工作面计算边界的计算

由于工作面顶板的悬臂作用，预计前需要考虑拐点偏移距的影响，另外由于工作面存在一定的倾角，还需要考虑下沉曲线拐点往下山方向偏移的距离。因此，为了得到比较准确的预计结果，不能直接将实际开采工作面当作预计的计算工作面，计算前需要确定计算工作面具体位置及其各顶点坐标，由于手工计算比较耗时，且不利于程序自动计算，因此程序中专门编制了"计算工作面"的求取模块。实际开采工作面和计算工作面示意如图 5-10 所示。

"计算工作面"位置确定后，即可自动获取其顶点坐标并进行计算。该程序不但适合矩形工作面计算边界的自动求取，对于不规则任意形状工作面，也可以实现

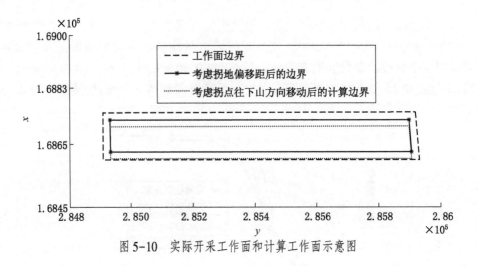

图 5-10　实际开采工作面和计算工作面示意图

计算工作面的自动求取。对于凸多边形工作面或凹多边形工作面，考虑拐点偏移距后的计算边界示意如图 5-11 所示。

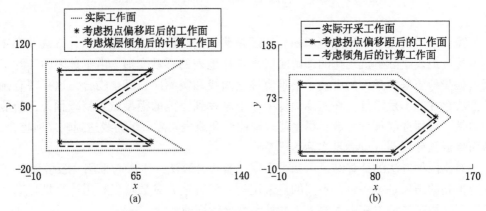

图 5-11　不规则工作面的"计算工作面"示意图

5.2.4　动态预计结果和实测结果的比较

将每次观测的地表各点高程减去首次观测相应各点高程，可得到各测点每次观测的下沉量，由于地形限制，地表测点的分布并不完全沿着地表的倾向线布设，因此难以用点到工作面的距离表示 x 轴，需要按照各测点之间的相对距离作为 x 轴，绘制的实测下沉曲线如图 5-12 所示。

将求取的动态预计参数及已知的概率积分参数输入预计程序，按照观测时间进行动态预计，预计结果如图 5-13 所示。

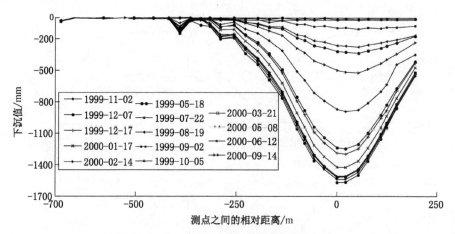

图 5-12　各次观测地表监测点实测下沉曲线

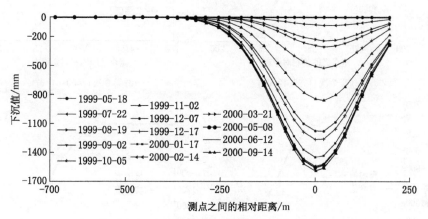

图 5-13　各次观测地表监测点预计下沉曲线

　　为了更好地比较预计结果和实测结果，抽样选取第 3、第 5、第 7、第 9、第 11、第 14 次观测结果和预计结果进行对比分析，如图 5-14 所示。

　　由图 5-14 可以看出，除第 3 次外，其他几次预测下沉曲线和实测下沉曲线吻合较好，为了统计预测的整体精度，引入式（5-4）进行计算。

$$m = \pm \sqrt{\frac{[\Delta\Delta]}{n-1}} \tag{5-4}$$

式中　m——预测中误差；

　　　Δ——各点的预测下沉值和实测下沉值之差；

　　　n——实测次数。

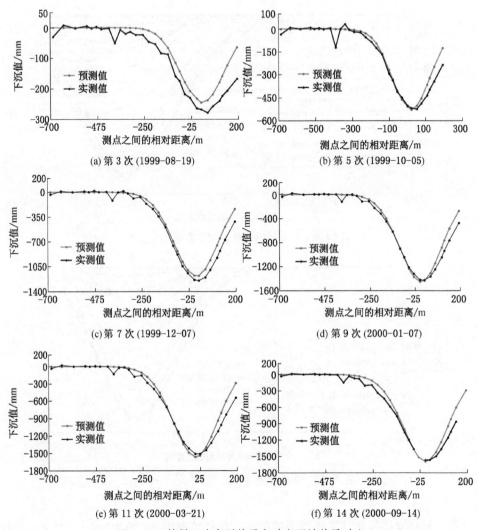

(a) 第 3 次 (1999-08-19)

(b) 第 5 次 (1999-10-05)

(c) 第 7 次 (1999-12-07)

(d) 第 9 次 (2000-01-07)

(e) 第 11 次 (2000-03-21)

(f) 第 14 次 (2000-09-14)

图 5-14 抽样 6 次实测结果和动态预计结果对比

预测的相对误差 f 可按式 (5-5) 进行计算。

$$f = \frac{|m|}{W^i_{max}} \tag{5-5}$$

式中 W^i_{max} ——各次观测中的最大下沉量。

抽样计算并列出第 3、第 5、第 7、第 9、第 11、第 14 次观测的预测误差, 见表 5-3。

表 5-3　动态预测误差计算统计表（抽样）

观测时间	中误差/mm	最大值/mm	相对误差/%	观测时间	中误差/mm	最大值/mm	相对误差/%
1999-08-19（第3次）	±39.7	279	14.2	2000-01-07（第9次）	±80.0	1425	5.6
1999-10-05（第5次）	±43.1	524	8.2	2000-03-21（第11次）	±97.4	1507	6.5
1999-12-07（第7次）	±85.1	1279	6.8	2000-09-14（第14次）	±101.3	1568	6.5

　　通过计算可知，预计下沉的中误差最大为 ±101.3 mm、最小为 ±39.7 mm，预测的相对误差最大为 14.2%、最小为 5.6%，相对误差在前期相对较大，会超过 10%，但后来逐渐稳定在 6.5%。为了更进一步比较预计结果的可靠性，选取工作面上方的 21 号、23 号、25 号点作为研究对象，绘制实测值和预测值下沉曲线，如图 5-15 所示。

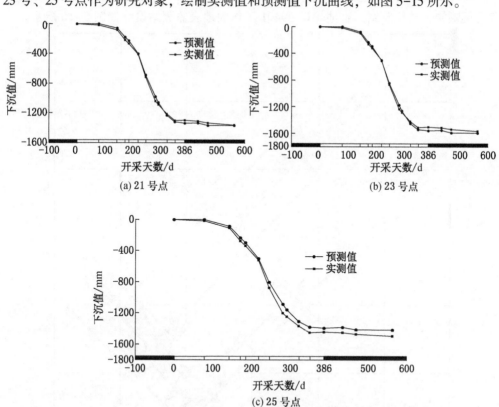

图 5-15　21 号、23 号和 25 号点实测结果和动态预计结果对比

　　由图 5-15 可以看出，前半段预测结果和实测结果能够达到很好地吻合，但在地表下沉接近稳定后，预测值和实测值之差有所增大，通过计算可知，其相对预计

误差仍然维持在 6.5%。

5.3 动态预计模型算法实例验证二

5.3.1 官地煤矿 29401 工作面基本情况

官地煤矿距离太原市区 17.5 km，位于西山煤电前山区东南部，地理坐标为东经 112°15′41″~112°24′26″、北纬 37°41′50″~37°49′30″，井田面积为 104.4974 km²，保有储量为 1.1 Gt，以贫煤为主，其次是贫瘦煤。该矿分南、北、中 3 条石门延伸条带式布置工作面，开采煤层有 2 号、3 号、6 号、8 号、9 号煤层。

29401 工作面煤层直接顶为石灰岩，厚度为 2.78m；灰色基本顶为泥岩，厚度为 3.42m；灰黑色直接底为砂质泥岩，厚度为 16.95m；灰色及深灰色为黏土质胶结，以砂质泥岩为主。基本底为中粒砂岩，厚度为 7.61m；灰白色，比较坚硬，伴有石英颗粒，硅质胶结。官地煤矿 29401 工作面地表监测站设计如图 5-16 所示。

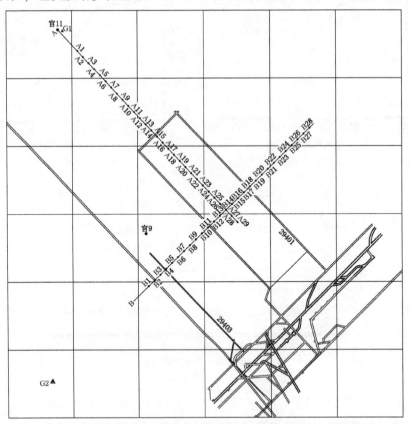

图 5-16　官地煤矿 29401 工作面地表监测站设计图（1∶2000）

29401 工作面煤层平均倾角为 5°，开采长度为 571 m，开采宽度为 164 m，平均采深为 260 m，平均采厚为 7.5 m，平均开采速度为 2 m/d，工作面地表标高为 1320~1350 m。为求取适合矿区的地表和岩层移动变形预计参数，以及为今后合理地进行建筑物下采煤、留设保护煤柱、防止因采煤引起的地质灾害提供可靠的科学依据，矿区在 29401 工作面地表建立了地表移动观测站，观测站点和工作面的相对分布如图 5-16 所示。由相关文献可知，该矿的开采沉陷影响传播角为 86.2°，走向方向主要影响角正切值为 1.9，下山方向主要影响角正切值为 2.2，上山方向主要影响角正切值为 2.0，下沉系数为 0.79，水平移动系数为 0.35。

29401 工作面的首采时间为 2010 年 5 月 15 日，结束时间为 2011 年 3 月 10 日；地表监测站的首次观测时间为 2010 年 5 月 10 日，最后一次观测时间为 2011 年 6 月 8 日，共进行了 10 次观测。为了清楚地了解工作面的开采时段和具体对应的开采区间，将图 5-16 旋转后绘制了图 5-17。图 5-17 中标注了每个区间的开采长度、开采起止时间、工作面推进方向等。在进行动态预计前还应将工作面国家坐标转换为工作面坐标，转换方法与钱家营煤矿 1176 东工作面类似，这里不再赘述。

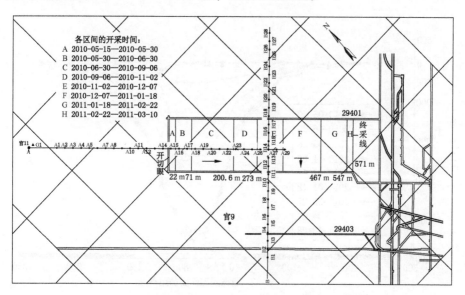

图 5-17　官地煤矿 29401 工作面开采情况（1：2000）

5.3.2　实测结果和预测结果图像对比

1. 实测结果

对 29401 工作面地表监测站的 10 次观测结果进行处理，绘制了地表走向（A 线）和倾向（B 线）观测线的地表下沉曲线，如图 5-18 和图 5-19 所示。

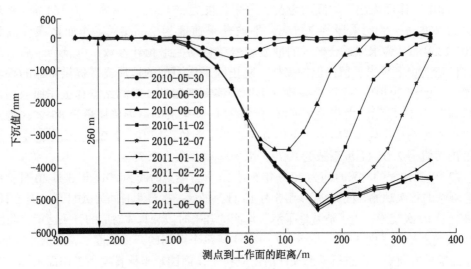

图 5-18　29401 工作面走向观测线地表下沉曲线

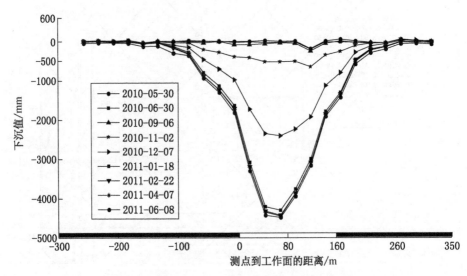

图 5-19　29401 工作面倾向观测线地表下沉曲线

2. 动态预计结果

与钱家营煤矿 1176 东工作面地表下沉动态预计流程相同，预计前除需要进行坐标转换外，还需要确定"计算工作面"的位置、动态预计参数，根据式（5-1）～式（5-3）求出 τ 和 c。需要指出：τ 和 c 与开采速度有关，通常情况下，开采速度并非定值，需要根据实际开采情况确定预计时刻之前阶段的平均开采速度，然后代入公式求取动态参数，因此，不同的预计时刻对应的τ和c可能不同。预计的走向和倾向观测线的地表下沉曲线如图 5-20 和图 5-21 所示。

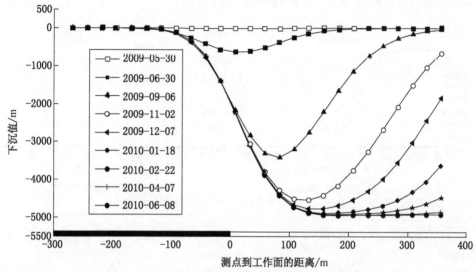

图 5-20   29401 工作面走向观测线地表下沉预测曲线

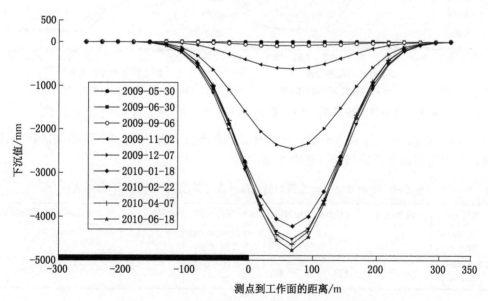

图 5-21   29401 工作面倾向观测线地表下沉预测曲线

5.3.3 预测结果精度分析

1. 走向观测线动态预计精度

为了统计预测精度，在走向观测线上抽样选取第3、第5、第7、第9次的下沉结果和预测结果进行比较，对比预测如图5-22所示。

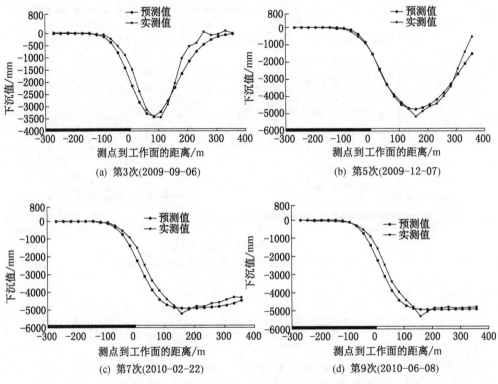

图5-22 走向观测线第3、第5、第7、第9次实测下沉曲线与预测下沉曲线对比

采用式（5-4）和式（5-5）对抽样观测的预测结果和实测下沉结果进行统计计算，可得出动态预计精度，见表5-4。

表5-4 走向观测线动态预测精度统计表（第3、第5、第7、第9次）

观测时间	中误差/mm	最大值/mm	相对误差/%	观测时间	中误差/mm	最大值/mm	相对误差/%
2009-09-06（第3次）	±309	3439	9.0	2010-02-22（第7次）	±305	5231	5.8
2009-12-07（第5次）	±450	5173	8.7	2010-06-08（第9次）	±275	5315	5.2

由计算可知，预测的最大中误差为±450 mm、最小中误差为±275 mm，由于官地煤矿采厚较大，下沉绝对量也很大，所以预测的相对误差均在10%以内。由统计

精度可以看出，随着工作面的推进，动态预测的相对精度将会逐渐增大，第3次为9.0%，第9次为5.2%。

2. 倾向观测线动态预计精度

在倾向观测线上，由于前3次观测的地表下沉都很小，故抽样选择第4、第5、第7、第9次观测进行动态预计和实测结果比较，进而统计在倾向观测线上的动态预测精度。预测下沉曲线和实测下沉曲线对比如图5-23所示。

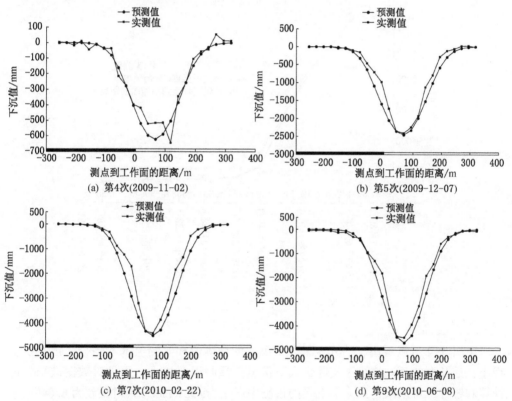

图5-23 倾向观测线第4、第5、第7、第9次实测下沉曲线与预测下沉曲线对比

预测精度的统计方法与走向观测线上的精度统计方法相同，即采用相应的公式计算预测下沉的中误差和相对误差，见表5-5。

表5-5 倾向观测线动态预测精度统计表（第4、第5、第7、第9次）

观测时间	中误差/mm	最大值/mm	相对误差/%	观测时间	中误差/mm	最大值/mm	相对误差/%
2009-11-02（第4次）	±54	3439	8.4	2010-02-22（第7次）	±452	5231	10.2
2009-12-07（第5次）	±210	5173	8.8	2010-06-08（第9次）	±379	5315	8.5

倾向观测线上的预测中误差最大为±452 mm、最小为±54 mm，最大相对误差为 10.2%、最小为 8.4%，总体上比走向观测线上的预测精度有所降低，但预测相对误差整体上可以控制在 8.5%。

3. 最大下沉点动态预计精度

为了进一步分析地表最大下沉点的预测精度，将最大下沉点各个时段的动态预测数据和实测数据提取出来进行绘图和统计，对比情况如图 5-24 所示。

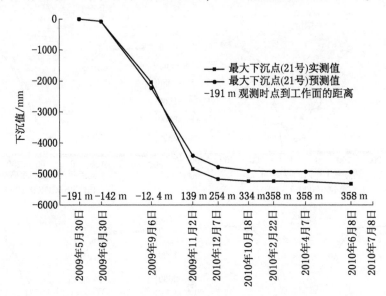

图 5-24　最大下沉点实测下沉值与预测下沉值对比

由图 5-4 可以看出，前几次最大下沉点的预测值和实测值基本吻合，预测误差很小，后几次的预测值小于实际最大下沉量，预测误差较大，通过对数据进行分析计算和统计，可以求得最大下沉点的预测中误差为±321 mm、相对误差为 6.04%。

6 不规则工作面开采沉陷 3DEC 数值模拟

本章采用数值模拟软件 3DEC5.0 对王庄煤矿 6206 工作面开采进行了数值模拟研究，详细介绍了数值模型的建立方法；针对数值模拟中岩体物理力学参数获取困难的问题，论述了基于正交试验与数值模拟相结合的岩层力学参数求取方法。利用数值模拟，揭示了 6206 工作面上覆岩层动态移动过程及内部竖向位移场的动态发展规律；对比研究了一次开采较小距离和一次性开采全部煤层时地表沉陷的动态发展过程，探讨了开采面积和计算时步之间的关系，建立了计算时步计算公式。针对复杂地形高精度数值建模问题，提出了一种基于等高线数据利用 AutoCAD 和 MATLAB 软件快速构建复杂地形数值模型的技术方法。

6.1 数值模拟背景矿区

数值模拟作为开采沉陷研究的重要手段之一，在开采沉陷相关研究中具有重要意义。此次数值模拟的背景矿区为王庄煤矿，该矿位于山西省长治市以北大约 30 km 处，井田面积为 79.68 km²。王庄煤矿为特大型机械化生产矿井，生产能力为 7 Mt/a 以上。主采下二叠系山西组 3 号煤层，煤层厚度为 3.16~7.87 m，平均厚度为 6.69 m，煤层倾角为 2°~6°，采煤方法主要为综采放顶煤一次采全高、全部陷落法管理顶板。近年来，王庄煤矿的村庄下、水体下、公路下压煤问题日益突出。初步统计，井田内压煤村庄达到 30 多个，压煤量达到 140 Mt 以上；井田南部扩区的绛河和扩区东部的漳泽水库等水体压煤量达到 47 Mt；太长高速、长邯高速压煤量达到 34 Mt 左右。另外，208、309 国道等也压覆了大量煤炭资源。王庄煤矿"三下"压煤问题已经严重制约采区的合理布置和矿井生产效率的提高。为了充分发挥综采放顶煤技术的优势，最大限度地解放煤炭资源，该矿结合 6206 工作面的开采情况，在 2007 年初启动了对矿区地表沉陷规律的研究工作。

6.1.1 6206 工作面及监测点设置情况

6206 工作面为 62 采区首采面，该工作面位于 62 采区西侧，工作面西侧为太长高速公路保护煤柱，北侧、东侧为未采区，南侧为安昌断层带。该区域地势平坦，交通较方便，对于设站和数据采集都比较方便。2007 年初，王庄煤矿开始在 6206 工作面上方建立地表移动变形监测点，到 2007 年底，共布设了 1 条走向观测线和 2 条倾向观测线，2007 年 12 月完成了观测站首次全面观测。该工作面于 2008 年 5 月开始回采，2009 年 11 月开采完毕。地表监测点于 2008 年 9 月开始下沉，至 2010 年 11 月监测点移动基本稳定，其间，共进行了 11

次全面观测和 24 次水准观测。6206 工作面及监测点布置情况如图 6-1 所示。

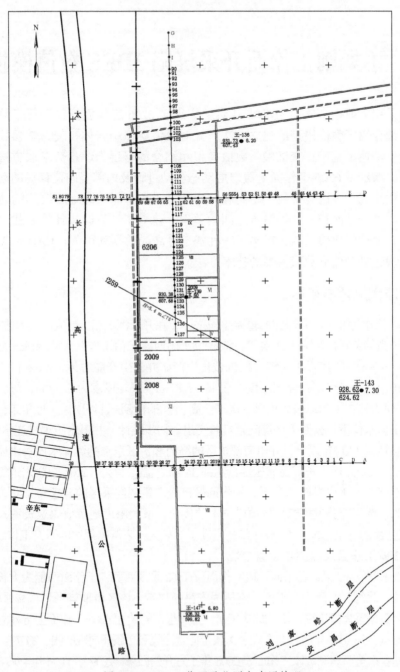

图 6-1　6206 工作面及监测点布置情况

6.1.2 工作面坐标系统转换

为了便于数值模型建模和采用动态预计程序进行动态预计，对 6206 工作面及监测点的坐标系统进行了转换，采用 4.4.3 节中的方法，转换后的工作面及监测点位置如图 6-2 所示。坐标转换后，数据处理相对简单，并且便于观察，可以迅速获取所需数据。

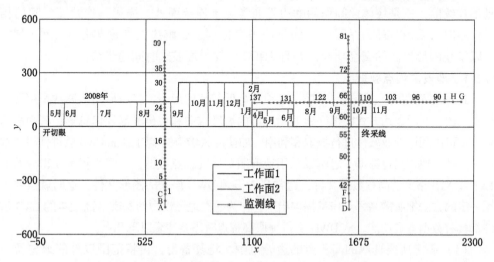

图 6-2 坐标转换后的 6206 工作面及其地表监测点分布

6206 工作面的倾向宽度多次变化，$x = 0$ m $\sim x = 700$ m，倾向宽度约为 134 m（132~137 m）；$x = 700$ m $\sim x = 1100$ m，倾向宽度为 98 m（97~100 m）；$x = 1320$ m $\sim x = 1746$ m，倾向宽度为 248 m，因此该工作面形状较特殊，在数值建模时要反映这些变化。

6.2 复杂地形 3DEC 数值建模方法

由相关文献可知，对开采引起的地表与岩层移动变形的数值模拟工作多是基于平坦地形的，很少考虑实际地形起伏情况对数值模拟结果的影响。对于比较平坦的平原地区，这种近似的建模方法是可行的，但当地形起伏较大时，如果不考虑地形变化的影响，模型过于简化，则数值模拟结果与实际地表的移动变形之间会产生很大的误差。尽管研究者对复杂地形的数值建模进行了一定程度的研究，但大多数方法复杂，且前期处理工作量大。本节将讨论一种简洁、高效的，基于 AutoCAD 和 MATLAB 软件编程构建复杂地形 3DEC 数值模型的方法，这种方法稍作修改，便可直接应用到 FLAC3D 软件建模中。

3DEC 是在二维 UDEC 程序的基础上发展而来的，它是三维的、基于离散模型的显式单元法数值程序。它是离散介质力学向三维空间的延伸，继承了 UDEC 程序的基本内容。它是以"拉格朗日算法"为基础的，对大变形及多块体间的系统运动计算较为适合。3DEC 有以下几个特点：一是将岩体看作是可变形的刚性块体集合；二是在地质模型的基础上可生成特定的节理模型，这些节理可能是连续的，也可能是不连续的；三是块体之间作用的边界通常在不连续面处，描述不连续面之间的相互作用时可采用节理力学模型；四是该程序特别适合解决大变形等相关工程问题，可以实现图形界面的交互功能，并且 3DEC 软件采用显式时间递步法。

6.2.1　地表高程点获取

地球表面的平原、山地、丘陵、盆地等高低起伏的形态，在地形图上通常是用等高线表示的，这种表达方式能很好地表示地形的坡度方向和大量的高程信息等，其中高程点信息可以利用专业软件进行提取和利用，如使用 2007 版本以上 AutoCAD 软件便可提取指定区域的地表高程数据。之所以采用地形图提取高程点数据，是因为很难获得原始的 TXT 或 XLS 格式的高程数据文件，通常只能得到 DWG 格式的图形文件，这时就需要采用一定的方法把所需高程点信息提取出来，作为建立地形模型的基础。高版本的 CAD 软件都具有数据提取功能。从 DWG 文件提取高程点时需要注意以下几点：

（1）确定所要选取的高程点的边界范围，将其备份，再将范围以外的地物及不相关的地貌符号删除，简化提取过程，如图 6-3 所示，边界范围内的高程点即是所要提取的对象。

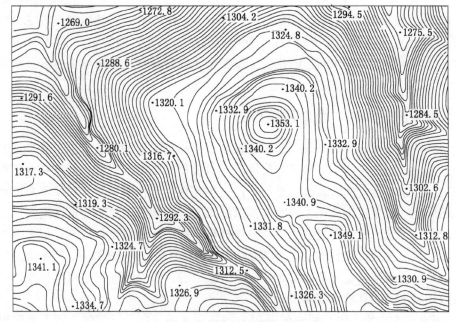

图 6-3　所要提取的地形图范围

（2）查看图中高程点的属性，查看高程点是由"点"构成的还是由"块"构成的，甚至是由单独的文字构成的，然后查看相应属性中的 Z 值与所标注的高程是否一致，对于标准格式的地形图，两者应该是相同的。

（3）为了能够精确地反映实际地貌特征，在边界处和高程点稀疏的地方应加密一定数量的高程点，加密点的高程需要利用解析法求得，加密的高程点及其位置如图 6-4 中的点位所示。

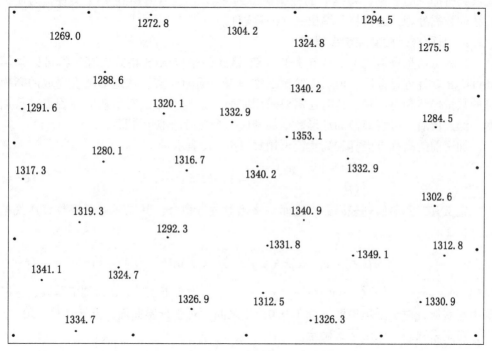

图 6-4　所要提取的高程点及加密的高程点

以图 6-4 中的高程点为基础，经过后续的样条插值处理，便可得到与实际地形非常吻合的三维地形表面图形。如果要进一步提高数值建模的精度，还可以在相应的地形特征线上，如山脊线、山谷线等每隔一定距离进行高程点加密。

高程点加密完成后，便可利用 AutoCAD 软件提取高程点，操作流程如下：打开软件，在工具栏里点击"数据提取"菜单，在弹出的提示窗里选择"创建新数据提取"，然后点击"下一步"，这时会弹出对话框，提示输入文件名，这个名字可任意输入，保存位置也可任意选择，此文件只是一个记录提取规则的形式文件，并不是最终需要的数据文件；文件名输入后，点击"保存"按钮，系统会弹出对话框，提示选择提取数据源，这时有两个选择，即选择"包括当前图形"或选择"在当前图形中选择对象"，因为在第一步已删除了其他不相关的信息，所以直接选择后者；再点击"下一步"，在弹出的对话框中选择高程点所在的图层，采用南方 CASS 制图软件所制作的地形图，其高程点所在图层为"GCD"，直接选择即可，其他软件制作的地形图，如果高程点没有 Z 属性，只有文字，那么在提取时只提取文字的值和文字的 x 和 y 坐标，即为高程点信息；接着点击"下一步"，此时可以看到所选对象包含的所有特性，选择"几何图形"属性里的 X、Y、Z 值即可，继续下一步，便可观察到所提取的数据，将提取的数据输出到 Excel，也可输出到 TXT 文件，为便于后续的数据处理，通常将其输出到 Excel 文件。

6.2.2　曲面样条插值加密高程点

高程点信息提取之后，无论是以 TXT 格式还是以 XLS 格式保存，都可以采用 MATLAB 软件进行读取，但对于绘制三维地表曲面图而言，从地形图上提取的高程点的数量仍然相对不足，这时还需要采用曲面样条插值方法对提取的高程点进行加密，经插值后，可将离散的地形数据加密成一个光滑的地形曲面。

加密前的高程点坐标和高程值可用式（6-1）表示：

$$\begin{cases} X_i = \begin{bmatrix} x_i & y_i \end{bmatrix}^T \\ H_i \end{cases} \quad i = 1,\ 2,\ 3,\ \cdots,\ n \tag{6-1}$$

定义其二元单值列表函数，进而对该函数进行拟合，其二元样条函数表达式见式（6-2）：

$$H(X) = c_1 + c_2 x + c_3 y + \sum_{i=1}^{n} c_{3+i} r^2 \ln(r_i^2 + \varepsilon) \tag{6-2}$$

式中，$r^2 = (x - x_i)^2 + (y - y_i)^2$；$c_1,\ c_2,\ \cdots,\ c_{3+n}$ 为待求系数；ε 为调节系数，一般采用经验值，对于平坦地区 ε 介于 $0.01 \sim 1$ 之间，对于奇异曲面 ε 介于 $10^{-6} \sim 10^{-5}$ 之间，待定系数则可以由下式确定。

$$\begin{cases} \sum_{i=1}^{n} c_{3+i} = 0 \\ \sum_{i=1}^{n} c_{3+i} x_i = 0 \\ \sum_{i=1}^{n} c_{3+i} y_i = 0 \\ c_1 + c_2 x_j + c_3 y_j + \sum_{i=1}^{n} c_{3+i} r_{ji}^2 \ln(r_{ji}^2 + \varepsilon) + h_j c_{3+j} = H_j \end{cases} \quad j = 1,\ 2,\ \cdots,\ n;\ i \neq j$$

$$\tag{6-3}$$

式中，$r_{ji}^2 = (x_j - x_i)^2 + (y_j - y_i)^2$；$h_j$ 为第 i 个节点的加权系数，通常情况下在一般的插值计算中，h_j 的取值都可为 0，使拟合的曲面与给定原始高程点数据相吻合。如果将式（6-3）用矩阵的形式表示，则用式（6-4）表示。

$$A_{m \times m} c_{m \times 1} = H_{m \times 1} \tag{6-4}$$

式中，系数矩阵 $c_{m \times 1}$ 是由节点坐标值和加权系数组成的对称阵，如果 $A_{m \times m}$ 不是奇异矩阵，则可求解方程，进而得出系数矩阵，见式（6-5）。

$$c_{m \times 1} = A_{m \times m}^{-1} H_{m \times 1} \tag{6-5}$$

系数矩阵求出以后，式（6-2）则同时被确定，如果将拟合区域划分为 m 个四边形网格，那么每个网格节点所对应的高程可用式（6-6）表示。

$$H_k = c_1 + c_2 x_k + c_3 y_k + \sum_{i=1}^{n} c_{3+i} r_{ki}^2 \ln(r_{ki}^2 + \varepsilon) \tag{6-6}$$

式中，r_{ki} 形式可类比 r_{ji}，任一网格节点 x_k 处的高程函数对坐标 x 和 y 的一阶偏导数函数见式（6-7）：

$$\begin{cases} \dfrac{\partial H_K}{\partial x} = c_2 + 2 \sum_{i=1}^{n} c_{3+i} \left[\ln(r_{ki}^2 + \varepsilon) + \dfrac{r_{ki}^2}{r_{ki}^2 + \varepsilon} \right] + (x_k - x_i) \\ \dfrac{\partial H_K}{\partial y} = c_2 + 2 \sum_{i=1}^{n} c_{3+i} \left[\ln(r_{ki}^2 + \varepsilon) + \dfrac{r_{ki}^2}{r_{ki}^2 + \varepsilon} \right] + (y_k - y_i) \end{cases} \tag{6-7}$$

将式（6-7）与给定区域的节点坐标相结合，可以求得拟合面网格节点所对应的空间坐标，从而得到加密之后的高程点三维坐标，经插值后绘制的三维地形表面如图 6-5 所示。

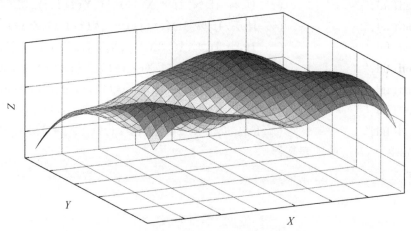

图 6-5 样条插值后绘制的三维地形表面

6.2.3 3DEC 数值建模

3DEC 数值建模的关键是，将经过插值的每一个四边形网格点的空间坐标（x，

y, H)，按照先纵向后横向或先横向后纵向的方式以 3DEC 软件相应绘图命令 prism 或 face 所要求的格式输出，输出格式通常为 TXT 格式。以 prism 命令为例，说明文件的输出方法及结果，具体的输出程序伪代码如下：

输出 3DEC 程序 prism 命令可读 TXT 文件

Input：JianJu_x、JianJu_y　　//输入数据输出时的 x 方向和 y 方向的间距
Output：prism 默认的 txt 文本文件
Begin
　　计算 max(x)、min(x)、max(y)、min(y)，即 x,y 方向的最大最小值
　　X_N = (fix(max(x) - max(x))/JianJu_x)；　　//计算 x 方向数据输出循环次数
　　Y_N = (fix(max(x) - min(y))/JianJu_y)；　　//计算 y 方向数据输出循环次数
　　fid = fopen('C:\Users\Administrator\Desktop\GCDto3DEC. txt','w+')；
　　//打开数据文件 GCDto3DEC. txt,将输出数据写入
　　　i = 1;j = 1;
fori = 1:1:Y_N-1
　forj = 1:1:X_N-1
　　fprintf(fid,'poly prism a　　(%. 1f,%. 1f,%. 1f)',X(i,j),Y(i,j),DBGC)；
　　fprintf(fid,'　　　　　　　　(%. 1f,%. 1f,%. 1f)',X(i+1,j),Y(i+1,j),DBGC)；
　　fprintf(fid,'　　　　　　　　(%. 1f,%. 1f,%. 1f)',X(i+1,j),Y(i+1,j),Z(i+1,j))；
　　fprintf(fid,'　　　　　　　　(%. 1f,%. 1f,%. 1f)&\r\n',X(i,j),Y(i,j),Z(i,j))；
　　fprintf(fid,'　　　　　　b　(%. 1f,%. 1f,%. 1f)',X(i,j+1),Y(i,j+1),DBGC)；
　　fprintf(fid,'　　　　　　　　(%. 1f,%. 1f,%. 1f)',X(i+1,j+1),Y(i+1,j+1),DBGC)；
　　fprintf(fid,'　　　　　　　　(%. 1f,%. 1f,%. 1f)',X(i+1,j+1),Y(i+1,j+1),Z(i+1,j+1))；
　　fprintf(fid,'　　　　　　　　(%. 1f,%. 1f,%. 1f)\r\n\r\n',X(i,j+1),Y(i,j+1),Z(i,j+1))；
　　//DBGC 为对应的地表高程
　endfor
endfor
End

通过上面的数据输出程序可以得到 3DEC 软件的 prism 命令所默认的 TXT 文本格式文件，具体格式如下：
3DEC poly prism 命令格式

poly prism

a　(556.0,450.3,1180.0)(556.0,460.3,1180.0)(556.0,460.3,1315.1)(556.0,450.3,1306.0)&

b　(566.0,450.3,1180.0)(566.0,460.3,1180.0)(566.0,460.3,1324.3)(566.0,450.3,1316.0)

poly prism

a　(566.0,450.3,1180.0)(566.0,460.3,1180.0)(566.0,460.3,1324.3)(566.0,450.3,1316.0)&

b　(576.0,450.3,1180.0)(576.0,460.3,1180.0)(576.0,460.3,1331.2)(576.0,450.3,1323.8)

·······································

//直到输出完所有的多面体

当数据文件输出之后，打开 3DEC 软件，在文件中选择 open new item，选择输出的数据文件，执行之后，即可生成如图 6-6 所示的数值模型。

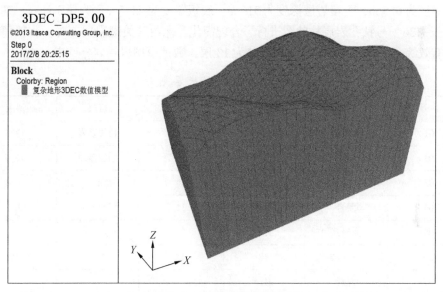

图 6-6　3DEC 数值模型

数值模型创建是进行数值模拟工作的前提，当模型建好之后，可以根据实际工程情况对模型进行进一步的分层建模和参数赋值以满足不同的需要。

6.3　地表动态沉陷数值模拟

6.3.1　数值模型建立

为了能够正确反映王庄煤矿 6206 工作面开采过程中上覆岩层的应力应变特征及地表移动变形特征，首先需要构建合理大小的数值计算模型，数值计算模型构建采用3DEC5.0软件。模型坐标系定义是：X轴平行于工作面走向并和工作面推进方向一致，Y轴平行于工作面倾向，Z轴垂直向上为正。顾及开采影响范围，模型边界应在岩层移动角圈定的范围以外，由相关文献可知，模型边界与工作面边界的距离L应满足：

$$L > 1.2h\cot\beta \tag{6-8}$$

式中 h——平均开采深度；

  β——岩层移动角。

其中h已知，为316 m，根据已有资料，6206工作面的岩层移动角为66°，为尽可能地减小边界对计算结果的干扰，选择$\beta=60°$，根据计算结果并稍微放大，取$L=300$ m，最终确定计算模型的边长$x=2100$ m、$y=600$ m。

由工作面"王-136"号钻孔资料可知，模型Z方向高度确定为346 m，其中3号煤层厚度为6.5 m，上覆岩层深度为316 m，底板厚度为23.5 m。为便于计算，建模时对"王-136"号钻孔岩层柱状图进行了合理简化，保留其关键岩层，对一些较薄岩层进行有效综合，最终将岩层自上而下分为13层，数值模型岩层划分见表6-1。

表6-1 数值模型岩层划分　　　　　　　　　　　　　　　　m

序号	岩层	厚度	序号	岩层	厚度
01	第四系	130	08	粗粒砂岩	17.8
02	泥岩	27.8	09	细粒砂岩	16.6
03	砂泥岩互层	10.2	10	泥岩	13.4
04	泥岩	23.4	11	细粒砂岩	9.5
05	砂泥岩互层	27.9	12	煤层	6.5
06	中粒砂岩	18	13	泥岩	30
07	泥岩	21.4			

岩层划分好之后，即可利用3DEC5.0软件建立数值模型，同时，为了详细反映岩层的受力和变形特征，依据原始岩层的层理结构、岩石单元体尺寸等对模型的各岩层进行了细分，最终建立的三维模型如图6-7所示。

对于具体的煤层，要按照工作面的实际形状进行建模，由于6206工作面有一个断层，因此为了正确反映断层对数值模拟结果的影响，在建模时根据已有断层资料设置了该断层。图6-8a刀把形区域即为6206工作面的实际形状，按照图6-2中所标的每月开采进度，对工作面区域进行了划分，为了更好地反映动态开采过程，还需要对开采区域进行细分，细分结果如图6-8b所示。这样，

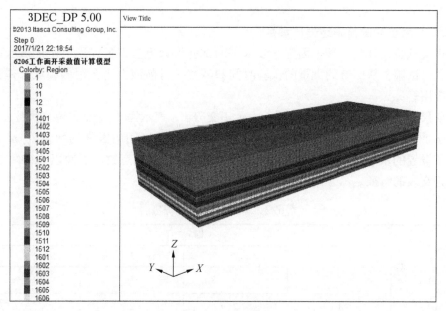

图 6-7　三维模型

在数值模拟中就可以根据给定时间工作面所处的位置，确定应该移除哪些区域，然后再进行计算。

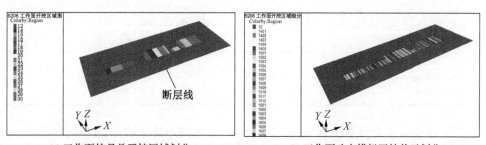

(a) 工作面按月份开挖区域划分　　　　　　　(b) 工作面动态模拟开挖单元划分

图 6-8　工作面按月份开挖时的区域及动态模拟单元划分

在计算中，设定模型的边界条件是：模型顶部为无约束的自由边界，底面采取竖直和水平位移约束，四周边界添加法向位移约束。由于 6206 工作面上覆岩层以砂岩和泥岩为主，岩石在应力作用下主要发生弹塑性变形，岩石破坏主要包括塑性破坏、剪切破坏和拉伸破坏，因此，此次模拟采用摩尔-库仑模型，另外在 3DEC 数值模拟中，还必须指定模型中所有结构面的破坏准则，数值模拟结构面采用库仑滑动模型。

6.3.2　利用正交试验确定岩层参数

正交试验设计是一种多因素、多水平的试验设计方法，可以用有限的试验次数替代大量试验，从而节约大量的试验时间和经费，目前该方法在很多领域都得到了广泛应用。

如果正交表记为 $L_n(m^k)$，则 L 表示正交表，n 表示需要进行试验的次数，k 表示因子个数（表示在试验中需要考量并不断改变变化区间的因素的数量），m 是各个因子设置的水平数，即因子在每次试验中可以改变的状态数。下面以 $L_9(3^4)$ 为例说明正交表的特征。

表 6-2　正交设计表 L_9 (3^4)

试验号	因　子			
	1	2	3	4
01	1	1	1	1
02	1	2	2	2
03	1	3	3	3
04	2	1	2	3
05	2	2	3	1
06	2	3	1	2
07	3	1	3	2
08	3	2	1	3
09	3	3	2	1

表 6-2 中，正交试验设计安排了 4 个因子，3 表示每个因子的变化水平数，采用该设计，只需 9 次试验即可，而全面试验则需 81 次。正交表的基本特点有两个：①相同列不同水平的参数值重复的次数相同；②如果将同一行不同的两列所对应的参数值看成一个数对，则可能的数对重复次数相同。这两个特点充分体现了正交表的两大优越性，即均匀分散和整齐可比的特性。

1. 岩层初始力学参数的选取

通过分析相近地理位置和相似地质结构的岩层力学参数，参考大量数值模拟研究及相关文献，获取了 6206 工作面上覆岩层包括弹性模量、泊松比、内摩擦角、黏聚力、抗拉强度和体积密度的数值，确定了各岩层的初始力学参数，见表 6-3。

表6-3　6206工作面上覆岩层初始力学参数

序号	岩层	E/GPa	μ	C/MPa	ϕ	T/MPa	ρ/(kg·m^{-3})
01	第四系	0.008	0.3	0.03	15	0.01	1800
02	泥岩	5.85	0.25	9.00	35	1.60	2400
03	砂泥岩互层	4.80	0.35	3.00	32	1.30	2600
04	中粒砂岩	7.50	0.27	3.50	33	1.20	2450
05	粗粒砂岩	7.00	0.26	3.00	30	1.70	2580
06	细粒砂岩	9.00	0.21	2.00	31	1.10	2550
07	煤层	1.30	0.35	1.30	24	0.51	1400
平均值		5.07	0.28	3.12	28.6	—	—

2. 试验因子的选取

在 3DEC 数值模拟软件中需要直接输入体积模量、剪切模量等参数，但由于体积模量、剪切模量等与弹性模量、泊松比存在固定的对应关系，因此，在设置试验时，不能直接改变体积模量和剪切模量的变化水平，否则可能会与实际不符。故选择体积模量 E、泊松比 μ、黏聚力 C 和内摩擦角 ϕ 共 4 个参数作为反演因子，最后，再计算体积模量和剪切模量输入 3DEC 计算模型中。由表 6-3 可知，数值模型共分为 13 个岩层，其中有 7 个岩层的参数互不相同，如果按照传统的正交试验方法，将岩层的 E、μ、C、ϕ 作为试验参数，将会有 28 个因子参与试验，这使得正交试验方案数量巨大，难以实施。因此，对反演因子的选择可以分为两步：①计算表 6-3 中所有岩层反演因子的平均值 $\overline{E}$、$\overline{\mu}$、$\overline{C}$ 和 $\overline{\phi}$；②用各岩层相应参数除以其均值，得到 λ_E^i、λ_μ^i、λ_C^i、λ_ϕ^i，其中 i 是指岩层序号。然后各岩层相关参数可用 $\lambda_E^i \overline{E}$、$\lambda_\mu^i \overline{\mu}$、$\lambda_C^i \overline{C}$、$\lambda_\phi^i \overline{\phi}$ 代替，处理后的岩层力学参数见表 6-4。

表6-4　处理后的岩层力学参数

序号	岩层	λ_E^i	λ_μ^i	λ_C^i	λ_ϕ^i
01	第四系	0.002	1.06	0.01	0.53
02	泥岩	1.15	0.88	2.89	1.23
03	砂泥岩互层	0.95	1.23	0.96	1.12
04	中粒砂岩	1.48	0.95	1.12	1.16
05	粗粒砂岩	1.38	0.91	0.96	1.05
06	细粒砂岩	1.78	0.74	0.64	1.09
07	煤层	0.26	1.23	0.42	0.84

数据处理后，在进行正交试验时，可以通过改变各因子均值的水平来间接改变所有岩层的相应参数，如此，试验因子就从 28 个减少到 4 个，这样就简化了正交试验次数，降低了实施难度，从而提高了工作效率。

3. 检测指标的确定

正交试验的检测指标是指能够有助于判断试验结果合理性的变量。该变量必须具备 2 个基本条件：①在试验中测试指标的值要随着试验因子水平的改变而改变，且对因子水平的变化较敏感；②检测指标的值已通过实地观测获得。此次研究选择了 6206 工作面地表北部倾向观测线和北部走向观测线的终态下沉曲线作为数值模拟计算参考结果，这两条观测线分别于 2008 年 11 月 14 日和 2009 年 10 月 19 日通过水准观测获得，通过对观测数据的分析可知，在监测时刻这 2 条观测线的地表下沉已基本趋于稳定。检测指标确定好之后，根据设计的正交试验方案，采用 3DEC5.0 软件逐一模拟计算 6206 工作面一次全采后北部倾向观测线和北部走向观测线的地表下沉量，并将其与实测值进行对比，便可合理地确定岩层参数的最优组合。

4. 试验方案设计与数值模拟

根据各岩层力学参数的范围，确定反演参数的取值区间，在确定试验因子各水平时，要适当放宽其上下限。在设计时，应保持不参与反演的因子数值不变化，在各岩层合理的参数区间内，将 $\bar{E}$、$\bar{\mu}$、$\bar{C}$ 和 $\bar{\phi}$ 各设置为 5 个水平，具体见表 6-5。

表 6-5　试验因子 5 个水平划分

水平	反 演 因 子			
	$\bar{E}$/GPa	$\bar{\mu}$	$\bar{C}$/MPa	$\bar{\phi}$/(°)
1	3.67	0.24	2.12	24.6
2	4.37	0.26	2.62	26.6
3	5.07	0.28	3.12	28.6
4	5.77	0.30	3.62	30.6
5	6.47	0.32	4.12	32.6

根据表 6-5 对因子水平的划分，设计了正交试验表（表 6-6），表 6-6 中共设计了 25 个计算方案，每个方案一行，代表 4 个因子的一个试验水平组合。在该表中，每个因子在每个水平下各进行了五次试验，如 $\bar{E}$ 在 1 水平下进行了 5 次试验，这 5 次试验中因子 $\bar{E}$、$\bar{\mu}$、$\bar{C}$ 和 $\bar{\phi}$ 的 5 个水平也各进行了一次试验，试验条件均匀分布试验空间中。根据设计方案，用 3DEC5.0 软件对 25 个方案进行数值计算。

表 6-6 正交试验表 $L_{25}(5^4)$ 及试验结果

编号	反演因子			
	$\bar{E}$	$\bar{\mu}$	$\bar{C}$	$\bar{\phi}$
	(1)	(2)	(3)	(4)
01	1	1	1	1
02	1	2	2	2
03	1	3	3	3
04	1	4	4	4
05	1	5	5	5
06	2	1	3	2
07	2	2	4	3
08	2	3	5	4
09	2	4	1	5
10	2	5	2	1
11	3	1	5	3
12	3	2	1	4
13	3	3	2	5
14	3	4	3	1
15	3	5	4	2
16	4	1	2	4
17	4	2	3	5
18	4	3	4	1
19	4	4	5	2
20	4	5	1	3
21	5	1	4	5
22	5	2	5	1
23	5	3	1	2
24	5	4	2	3

试算结束后,对 25 个模拟计算结果进行汇总,提取 6206 工作面地表北部倾向观测线和走向观测线的地表下沉量,并将其与实测值进行对比,可知正交试验表中第 11 个方案的计算结果与实测值最吻合,对比结果如图 6-9 所示。

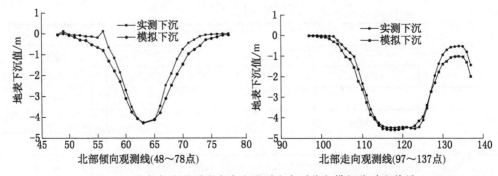

图 6-9 北部倾向观测线和走向观测线实测值与模拟值对比结果

根据表 6-6 第 11 个方案的各岩层水平组合（3、1、5、3）可求出该水平组合下的 $\overline{E}$、$\overline{\mu}$、$\overline{C}$ 和 $\overline{\phi}$ 分别为 $5.07×10^{-9}$、0.24、$4.12×10^{-9}$、28.6，进而可用 $\lambda_E^i \overline{E}$、λ_μ^i $\overline{\mu}$、$\lambda_C^i \overline{C}$、$\lambda_\phi^i \overline{\phi}$ 求取各岩层的力学参数值，为后续的动态模拟提供合理的参数，最终求得的不同性质岩层数值模拟力学参数见表 6-7。根据 E 和 μ，按照相应的公式求取各岩层的体积模量和剪切模量。

表 6-7 不同性质岩层数值模拟力学参数

序号	岩层	E/GPa	μ	C/MPa	ϕ	T/MPa	$\rho/(\text{kg} \cdot \text{m}^{-3})$
01	第四系	0.008	0.25	0.04	15	0.01	1800
02	泥岩	5.85	0.21	11.89	35	1.60	2400
03	砂泥岩互层	4.80	0.30	3.96	32	1.30	2600
04	中粒砂岩	7.50	0.23	4.62	33	1.20	2450
05	粗粒砂岩	7.00	0.22	3.96	30	1.70	2580
06	细粒砂岩	9.00	0.18	2.64	31	1.10	2550
07	煤层	1.30	0.30	1.72	24	0.51	1400

6.3.3 6206 工作面开采 3DEC 数值模拟

1. 左侧倾向监测线动态沉陷过程模拟

根据对 6206 工作面地表监测数据的分析可知，该矿开采对地表影响的平均超前影响距 $L = 132.8$ m，超前影响角 $\omega = 68.3°$，由图 6-10 可知，坐标系转换后的左侧倾向观测线的横坐标为 630 m，即当工作面开采到 $x = 490$ m 左右时，地下开采影响会波及此观测线。

由于模型范围较大，且是三维计算，在进行三维动态模拟时不能完全按照每天

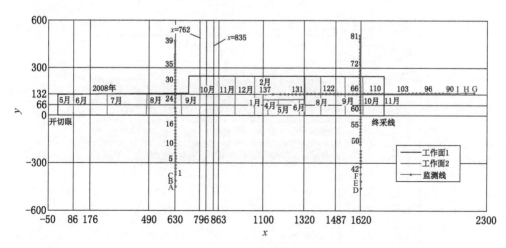

图 6-10　按月份开采图

对应的开采速度开挖相应的距离，再分步计算，如此需要存储的数据量会非常大，而且计算时间可能需要几天甚至十几天，如果出错重算，那么数值模拟工作将难以继续。所以，为了能够和实际观测结果进行对比，在赋予相应参数、给出边界条件使模型达到平衡后，第一次计算可假设一次开挖 x 为 $0 \sim 490$ m 的区域。在此条件下，设定相应的计算步数依次计算并保存不同时步下的计算结果，计算结束后，在数据分析阶段可以根据需要任意打开所保存的计算状态，提取地表观测线在不同计算步数下的移动变形数据。当沿工作面走向开挖 490 m 时，地表沉陷稳定后的岩层垮落剖面如图 6-11 所示，地表移动稳定后的走向主断面下沉曲线如图 6-12 所示。

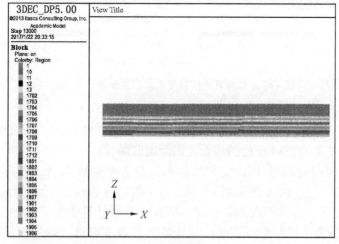

(a) 剖面图

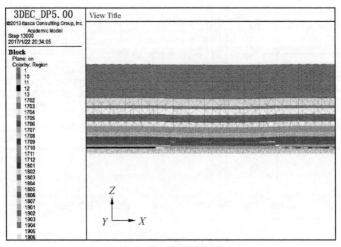

(b) 剖面局部放大图

图 6-11　开挖 490 m 时地表沉陷稳定后的岩层垮落剖面

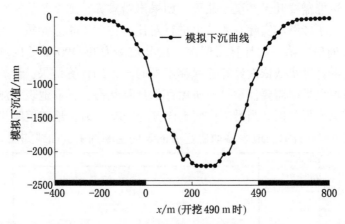

图 6-12　开挖 490 m 时地表沉陷稳定后走向主断面下沉曲线（$y=62$ m）

通过对稳定后的模拟数据的分析可知，当开挖到 490 m 时，其对地表点的影响（图 6-12）刚波及 $x=630$ m 处的地表左侧倾向监测线。

（1）左侧倾向监测线下沉发展的动态过程。下面模拟当工作面从 $x=490$ m（2008 年 8 月初），一次性开采到 $x=762$ m（如图 6-13a 所示，对应开采时间为 2008 年 9 月 30 日，开采距离 272 m 时）时，在不同计算步数下地表下沉的发展过程。在模拟时，为了能够掌握不同计算步数下地表下沉量，时步数设置不能过大，该次模拟设置的基本时步数是 100 步，即每计算 100 步（100 step）保存一下结果，为了和地表实测下沉结果进行比较，在某些过程中可以减小基本时步设置，如设置每 25 步保存一下结果。图 6-13b 给出了不同计算步数下位于地表 $x = 630$ m 处的倾向观测线地表下沉动态变化曲线。

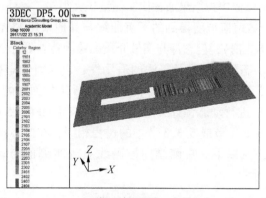

(a) 煤层开挖区域 ($x = 762$ m)

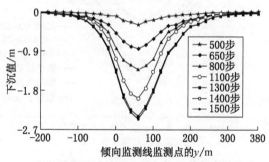

(b) 不同计算步数下地表倾向监测线下沉曲线

图 6-13　煤层开挖区域和不同计算步数下地表倾向监测线下沉曲线

由于此次模拟的是不规则工作面，工作面的倾向宽度随着开采时间的变化可能发生改变，因此，要建立计算步数和对应下沉天数之间的关系会非常困难。即使得到了适合本工作面的相应关系，也不具有推广性，因此对这一问题只通过对比简要得到一些符合该模拟结果的说明，简单地讨论了地表下沉发展与计算时步之间的关系。由图 6-13b 可知，当计算步数达到 1300 步时，地表下沉基本趋于稳定，再增加计算步数对地表监测点下沉的影响非常微小。

（2）数值模拟结果与实测结果及动态预计结果对比。通过对比 2008 年 9 月 30 日左侧倾向监测线的监测结果与数值模拟动态下沉曲线可知，当一次性开挖 $x = 490 \sim 762$ m 的煤层后，经过约 625 步的计算，地表下沉最大值与监测结果一致，2008 年 10 月 23 日的监测结果与计算 1100 步的结果较吻合，而 2008 年 11 月 14 日的监测结果则与计算

1400 步的结果较吻合，实测结果与数值模拟结果对比如图 6-14 所示。由图 6-14 可以看出，只要参数选取合理，采用数值模拟方法可以精确确定地表最大下沉量出现的位置及大小，也可以很好地确定最大倾斜、水平移动、曲率及水平变形出现的位置，但是数值模拟在采空区两侧的模拟结果通常比实测结果大很多。另外，由图 6-14 还可以看出，采用 3DEC 进行数值模拟所得到的下沉曲线与其他采用 FLAC 软件模拟得到的曲线相比不够规则（不光滑），但它却与离散介质的移动特点更符合。

　　为了进一步验证动态预计程序及算法的适用性，以及将动态模拟结果和预计结果进行对比，采用第 5 章介绍的动态预计程序对 6206 工作面左侧倾向监测线的下沉发展过程（抽样三期）进行动态预计，对比如图 6-14 和图 6-15 所示。动态预计方法及误差统计方法与 5.2.4 节或 5.3.3 节中的过程相同，在此不再赘述，经过统计，动态预计相对误差在 8% 以下。左侧倾向监测线下沉实测值与动态预计结果对比（抽样）如图 6-15 所示。

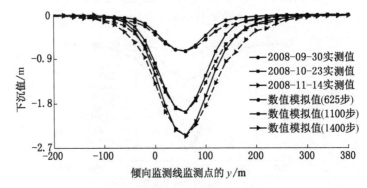

图 6-14　左侧倾向监测线下沉实测值与数值模拟结果对比（抽样）

　　（3）覆岩移动过程及内部竖向位移场的动态发展过程。在 $x = 490 \sim 762$ m 时，为了更清晰地观察地表及岩层移动随时间的发展变化过程，给出不同计算时步下，岩层与地表的动态移动过程（图 6-16）、岩层竖向位移发展趋势（6-17）。

　　由图 6-16 可以看出，当工作面从 490 m 一次性开挖到 762 m 时，随着计算时步的增加，开挖影响逐渐向上和向左传递，煤层顶板的垮落范围逐渐扩大，接近煤层上覆岩层的离层长度逐渐增加，上部岩层的弯曲逐渐增大，导致地表下沉量及范围逐渐增大，当经过足够长的时间之后（到达 1500 步），此时地表及岩层移动逐渐稳定，在采空区两侧形成了明显的悬臂支撑。

　　由图 6-17 可以看出，地表及岩层的下沉在工作面开切眼上方及后方几乎没有变化，但随着时间的增加，下沉范围逐渐向工作面前方传递，且岩层顶板出现最大下沉范围也逐渐向工作面前方扩展，直到最终趋于稳定为止（$t = 1500$ 步），这时再

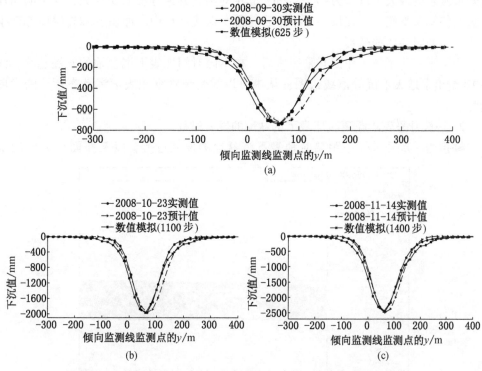

图 6-15　左侧倾向监测线下沉实测值与动态预计结果对比（抽样）

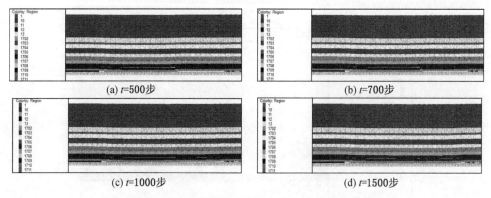

图 6-16　不同计算时步下岩层与地表的动态移动过程

增加计算步数，岩层及地表下沉几乎没有变化，范围也不再增加，这相当于在该条件下，地表及覆岩的移动达到该地质采矿条件下的最大值，且趋于稳定。通过观察可知，覆岩的最大下沉量为-7.387 m，其绝对值比开采厚度6.5 m大，这说明当加载重力使模型平衡后，在煤层开挖之后的再次迭代计算中，冲积层和岩层内部产生了进一步的竖向压缩变形。

为了进一步了解工作面开采完毕后，在不同时间地表下沉盆地的发展趋势，图6-18给出了地表下沉等值线云图，从中可以清楚地观察地表下沉动态预计的发展趋势。

2. 一次开采较小距离时地表下沉盆地的发展过程

模拟当一次开采较小距离时地表下沉盆地的发展过程，以工作面从 $x = 762$ m

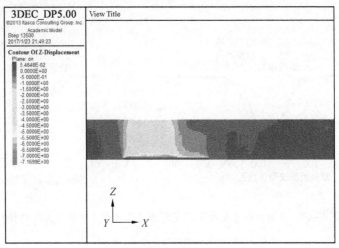

(a) $t=500$步

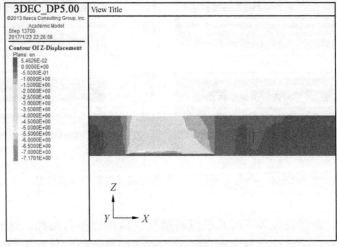

(b) $t=700$步

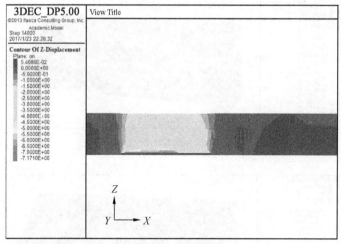

(c) *t*=1000步

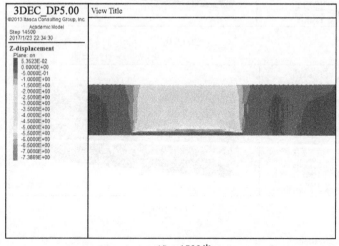

(d) *t*=1500步

图 6-17　不同计算时步下岩层竖向位移发展趋势

（对应的实际开采时间为 2008 年 9 月 30 日）开采到 $x = 835$ m（2008 年 10 月 23 日）作为数值模拟条件，开采范围由图 6-13a 所示的位置到图 6-19 所示的位置，开挖距离共 73 m，得到的地表下沉等值线云图如图 6-20 所示。

由于工作面在 $x = 700$ m 位置宽度发生了变化，由 132 m 增加到 248 m，当工作面开采到 $x = 837$ m 位置时，其对地表下沉盆地的影响范围也会增大，朝着宽度增加

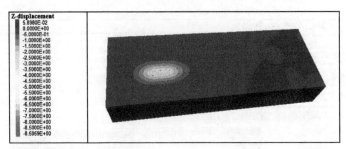

(a) t=500步

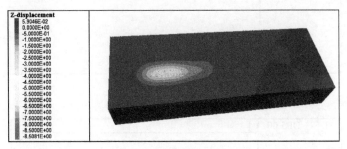

(b) t=700步

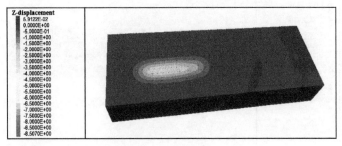

(c) t=1000步

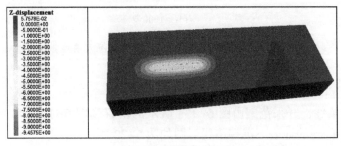

(d) t=1500步

图 6-18　不同计算时步下地表下沉动态发展趋势图

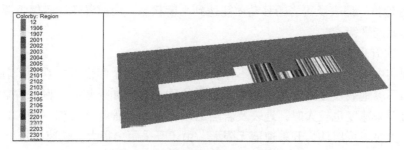

图 6-19　煤层开挖区域（$x = 837$ m）

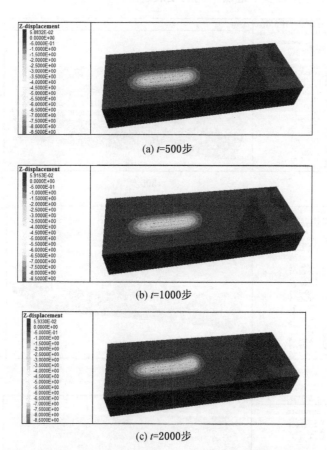

(a) $t=500$步

(b) $t=1000$步

(c) $t=2000$步

图 6-20　不同计算时步下地表下沉发展趋势

的方向增大，可由图 6-20 清楚地反映。另外，由于一次性开采的距离较小（73 m），与之前的 272 m 相比较，开挖后其对覆岩和地表移动影响的时间长，需要经过约

2000 步的计算，地表及覆岩的移动才能达到平衡状态，而前者开挖后仅需要约 1500 步的计算就能平衡。

3. 一次开采全部煤层地表下沉的动态发展过程

在现实中一次开采全部煤层是不存在的，但通过这个假设可以观察到在不同的计算时步下，地表及覆岩动态移动变形发展特殊规律，如果某一矿区采深较浅、采厚较大且开采速度也较大时，地表及岩层的动态移动过程与之类似。当一次开采的煤层足够大时，可以认为开采速度无限大，由于开采距离很大，较速度较小的开采，煤层上覆岩层移动在较短的时间内便可传递到地表。图 6-21 为 $t = 500$ 步、900 步、1300 步、1700 步计算时步下地表下沉的发展趋势。

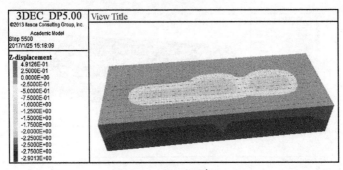

(a) t=500步

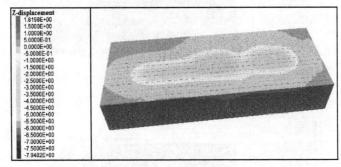

(b) t=900步

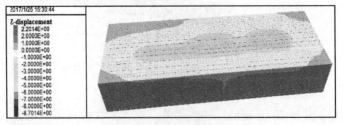

(c) t=1300步

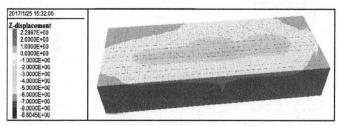

(d) $t=1700$ 步

图 6-21 不同计算时步下地表下沉发展趋势

由图 6-21 可知,当 $t=500$ 步时,由开采所引起的地表沉陷范围已基本形成,随着时间的增加,地表的沉陷值逐渐增大,沉陷范围也有所增加;当 $t=1300$ 步时,地表的沉陷范围不再增大,但地表的沉陷值会略有增加,地表及岩层的移动基本趋于稳定;当 $t=1700$ 步时,地表及岩层的最大下沉量会有所减小,这与地表及岩层压缩后的再反弹有直接关系。

图 6-22 为不同计算时步下岩层竖向位移的发展变化过程。

当煤层开挖之后,周围岩体应力会重新平衡,在这个过程中,煤层上方覆岩在自重力和上方岩层压力的作用下,需要通过不断地移动来释放能量,主要表现是:周围岩体不断地向采空区移动,主要包括岩体本身下沉和在上部岩体水平拉应力作用下水平移动和底板隆起,岩层移动需要经过较长时间才能稳定。图 6-22 中,当移动时间较短时($t=500$ 步),由开采引起的岩层与地表的移动范围已经形成,但此时无论是岩层内部还是地表,其竖向位移都相对较小。由于模型中存在一个断层,岩层的竖向位移在断层两侧明显增大,在断层处存在明显分界,界限两侧一定范围内,岩层的竖向位移较大,呈塔形发育。随着开采时间的增加($t=900$ 步),塔形范围逐渐增大,其竖向位移也逐渐增大,然后再随着时间的增加($t=5000$ 步),塔形范围逐渐消失,其与周边岩层的位移之差也逐渐缩小,但断层上下的位移量和周边岩层相比,明显较小,岩层的位移量仍然会沿着断层呈现较对称的形态。

4. 开采宽度相同长度不同及开采长度相同而宽度不同时模型移动稳定所需计算时步对比

为弄清开采宽度相同长度不同及开采长度相同宽度不同时模型移动稳定所需计算时步,分别进行两种模式的试验研究。

(1) 如图 6-23 所示,在不规则工作面的开始阶段(倾向平均宽度为 132 m)分别一次性开挖 100 m、200 m、300 m、400 m、500 m、600 m 时(图 6-19 列出了一次性开挖 100 m 和一次性开挖 200 m 的情况,其他情况略)采用 solve 命令进行平

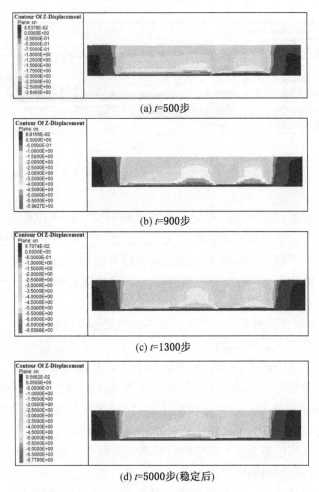

(a) t=500步

(b) t=900步

(c) t=1300步

(d) t=5000步(稳定后)

图 6-22　不同计算时步下上覆岩层竖向位移发展趋势

衡计算直到达到稳定，即当最大不平衡力与节点力的初始平均值之比小于 1×10^{-5} 时，系统会自动停止计算，此时，系统默认数值模型达到平衡状态。

（2）如图 6-24 所示，在不规则工作面中间部分（倾向平均宽度为 248 m）分别一次性开挖 100 m、200 m、300 m、400 m 时（由于中间部分总长度约为 400 m，试验 4 次。图 6-24 中也仅列出了一次性开挖 100 m 和一次性开挖 200 m 的情况），采用 solve 命令进行计算直到模型达到平衡状态。

试验结束后，将开挖长度、开挖宽度及所需计算时步等数据进行分析处理，得到如图 6-25 所示的对比图。

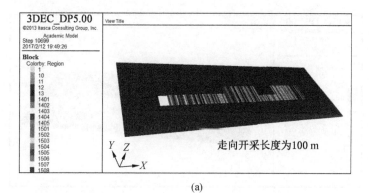

(a)

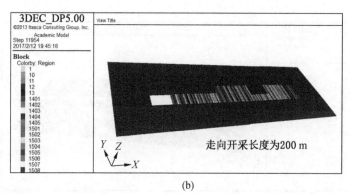

(b)

图 6-23 一次性开挖 100 m 和 200 m 时的情况 (倾向长度为 132 m)

由图 6-25 可知，当走向开采长度相同而倾向开采长度不同时，模型稳定所需的计算时步明显增大。例如，当走向开采长度均为 100 m，倾向开采长度为 132 m 时，模型移动稳定所需的计算时步为 3699 步；当倾向开采长度为 248 m 时，则需要的计算时步为 4826 步，模型移动才会稳定。由图 6-25 可知，无论倾向开采长度多少，在开始阶段，随着走向开采长度的增大，模型稳定所需的计算时步迅速增加，但当走向开采长度增大到一定数值后，尽管走向开采增加的长度相同，但模型稳定所需的计算步数增加程度明显减小，且存在一定的波动性。为了更清楚地了解开采时步和采空区面积的关系，对试验数据进行了进一步分析，具体如下：以图 6-25 中倾向长度为 132 m 时的数据为例，如果以计算时步 (n) 与采空区面积 (A) 的比值为 y 轴，以采空区面积 A 为 x 轴，绘制的相应散点图如图 6-26 中点位所示，然后对该散点进行拟合，拟合结果如图 6-25 中的曲线所示，拟合后的 R 方为 0.9976，均方根误差为 0.0051。

根据拟合公式 $y = 8.83x^{-0.2968} - 0.2481$，结合 x 与 y 的定义可知下式成立：

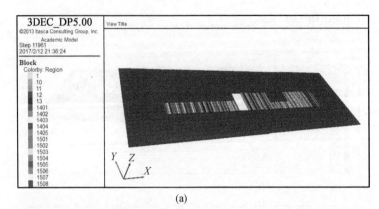

(a)

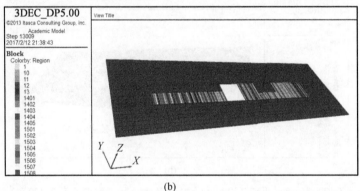

(b)

图 6-24　一次性开挖 100 m 和 200 m 时的情况（倾向长度为 248 m）

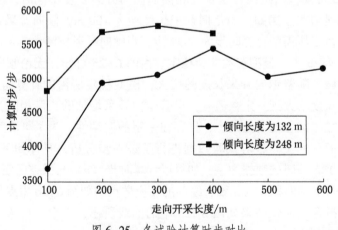

图 6-25　各试验计算时步对比

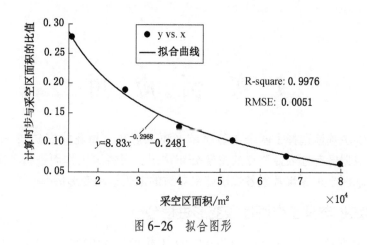

图 6-26 拟合图形

$$n = 8.83A^{0.7032} - 0.2481A \qquad (6-9)$$

式中 n——模型稳定所需的计算时步;

A——采空区面积。

根据式 (6-9),在该地质采矿条件下,只要知道采空区面积,就可以计算相应的计算时步,通过计算比较倾向开采长度为 248 m 时的试验数据,采用该公式计算的时步数与实际模拟计算得到的时步数相差很小。需要指出:在进行数值模拟前,如果能够较为精确地确定开挖面积与模型稳定所需的计算时步之间的关系,在计算时就可以有针对性地采用 step 命令设置相应的时步数,从而节约大量的计算时间,尤其是当最大不平衡力与节点力的初始平均值之比始终大于 1×10^{-5} 时,式 (6-9) 成功地解决了这一问题,该公式只适合用于该矿区数值模拟,不具有推广性。但是,在其他数值模拟计算中采用上述方法建立计算时步和开采面积之间的相应关系式是完全可行的。

7 实 例 应 用

在宁东煤炭基地选择了两个典型煤矿（枣泉煤矿、梅花井煤矿），采用相关理论和方法，根据已有地表监测点的位置分布情况，对特定工作面进行动态预计，可以更清楚地掌握宁东煤炭基地各煤矿开采导致的地表移动变形情况。

7.1 枣泉煤矿典型工作面地表变形进程分析

枣泉煤矿地表监测点全部位于 1102202 工作面和 1102204 工作面的上方地表，选择不同的时间节点对其开采的动态影响进行研究，分析工作面开采过程中地表动态移动变形规律。

为了便于研究和分析，在动态预计时将其 1954 北京坐标系转换为工作面坐标系，即以工作面的走向方向为 x 轴，y 轴与 x 轴垂直，坐标原点可以是任意一点。通过在图上分析、量算，枣泉煤矿的坐标系旋转角度为 94.5°，坐标系转换后并不影响地表、地表监测点和工作面的相对位置关系，最后出图时只需要将工作面坐标系旋转 −94.5°，再进行适当平移，即可恢复到原坐标系中，将预计的下沉、倾斜、曲率等值线和实际工作面叠加得到最终结果。1102202 和 1102204 工作面及监测点分布如图 7-1 所示。

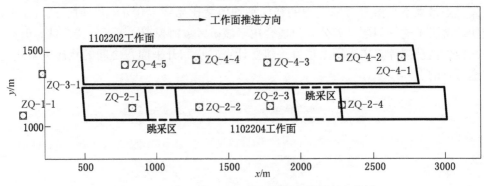

图 7-1　1102202 和 1102204 工作面及监测点分布图

7.1.1 预计参数及预计时间节点的确定

1. 预计参数的确定

动态预计原理与方法在前面章节中已经做了详细介绍，此处不再赘述。进行动态预计和进行静态预计一样，最首要的工作就是确定预计参数。参照《三下采煤规范》中推荐的按岩层性质区分的地表移动一般参数综合表及枣泉煤矿矿山地质环境保护与恢复治理方案中的相关章节给出的预计参数，并根据陕北及宁夏地区已有的相关资料，确定动态预计概率积分参数，见表 7-1。开采速度 v 采用工作面的平均推进速度，即用预计时刻的工作面推进距离除以预计时刻到开始时刻的间隔天数得到，因此，不同预计时刻工作面的平均推进速度是有差异的，预计时采用不同的平均速度参数，可使预计结果更精确。预计时的时间函数参数由程序自动求取，相关方法前面已有叙述。

表 7-1 枣泉煤矿 1102202、1102204 工作面动态预计概率积分参数

工作面编号	采厚/m	下沉系数 q	煤层倾角/(°)	水平移动系数 b	主要影响角正切 $\tan\beta$	下山方向采深 H_1/m	上山方向采深 H_2/m	开采影响传播角/(°)	影响半径 r/m
1102202	7.88	0.72	25	0.32	2.2	378	264	78	156
1102204									

2. 预计时间节点的确定

在动态预计过程中，根据工作面实际掘进情况，在 1102204 工作面上选择 5 个动态预计时间节点，在 1102202 工作面上选择 4 个时间节点进行动态预计，具体的动态预计时间节点及对应的开采天数见表 7-2。由于 1102202 工作面在 2014 年 5 月已开采结束，结合工作面的推进方向，根据推算可知，在 1102204 工作面开始开采时，1102202 工作面开采所引起的地表移动变形已趋于稳定，残余下沉和变形很小，故在对 1102204 工作面进行动态预计时，只需将其动态预计值与 1102202 工作面开采地表移动变形终态值相加，即可得出 1102204 工作面动态预计时刻的移动变形值。

表 7-2 动态预计时间节点及对应的开采天数

工作面编号	开采起始时间	第一次动态预计及对应开采天数	第二次动态预计及对应开采天数	第三次动态预计及对应开采天数	第四次动态预计及对应开采天数	第五次动态预计及对应开采天数
1102202	2012 年 1 月	2013 年 1 月 20 日 (112 d)	2013 年 5 月 30 日 (242 d)	2013 年 9 月 30 日 (365 d)	2014 年 5 月 10 日 (587 d)	—
1102204	2015 年 3 月	2015 年 8 月 30 日 (182 d)	2016 年 4 月 30 日 (426 d)	2017 年 1 月 5 日 (676 d)	2017 年 6 月 30 日 (852 d)	2017 年 12 月 30 日 (1035 d)

7.1.2 1102202 工作面动态预计过程

根据 1102202 工作面的走向长度，结合工作面的推进速度及过程，在动态预计时选择 4 个时间节点进行动态预计，分别是 2013 年 1 月 20 日、2013 年 5 月 30 日、2013 年 9 月 30 日和 2014 年 5 月 10 日。具体时间节点处的工作面位置和工作面的关系如图 7-2 所示。

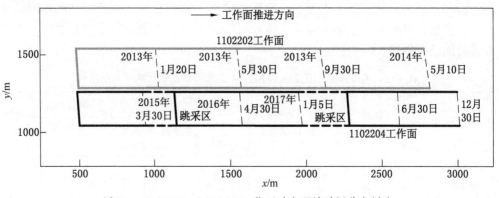

图 7-2　1102202、1102204 工作面动态预计时间节点划分

在 4 个时间节点处对由于 1102202 工作面开采导致的地表移动变形，包括地表下沉、倾斜、曲率、水平移动、水平变形进行预计，找出地表移动变形随工作面开采的变化规律。

1. 不同时间节点地表下沉动态预计

动态预计采用"任意形状工作面开采沉陷动态预计系统"，该系统经过大量实测数据验证，预计结果可靠，完全能够满足精度要求。

当动态预计的时间节点确定后，结合表 7-1 中的预计参数，并给定开采速度 v（开采速度一般为工作面的平均推进速度），即可对该时间节点对应的地表移动和变形情况进行预计。

图 7-3 为动态预计第一时间节点，即 2013 年 1 月 30 日的地表下沉等值线，图 7-4~图 7-6 分别为第二、第三和第四时间节点预计的地表下沉等值线。由图 7-3 至图 7-6 可知，随着工作面开采，在走向方向上地表下沉范围有规律地向工作面推进方向扩展，每个时间节点预计的等值线，都具有工作面后方等值线较为密集，工作面附近及其前方等值线较为稀疏的特点。这是因为工作面开采后，不同位置的地表点所经历的下沉时间不同，地表点下沉是否充分，主要与其下方煤层开采后所经历的时间有关。图 7-6 为 1102202 工作面开采完毕，经历很长时间之后的地表下沉终态等值线，由工作面开采到地表移动稳定的时间间隔，按照经验公式计算得到，

对于 1102202 工作面，大概为开采结束后 800 d 左右。

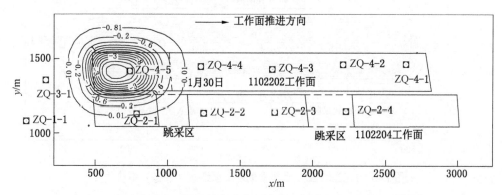

图 7-3 1102202 工作面推进到 2013 年 1 月 30 日时地表下沉等值线

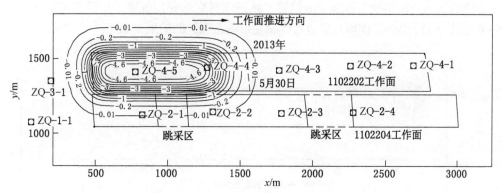

图 7-4 1102202 工作面推进到 2013 年 5 月 30 日时地表下沉等值线

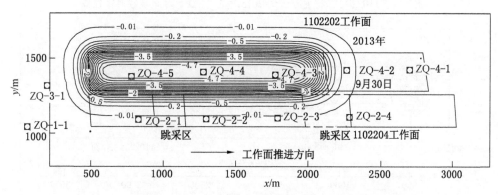

图 7-5 1102202 工作面推进到 2013 年 9 月 30 日时地表下沉等值线

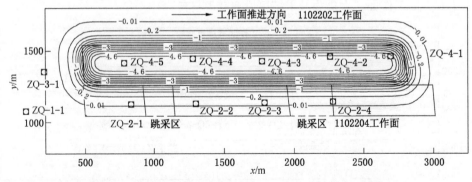

图 7-6　1102202 工作面开采地表下沉终态（静态）等值线

2. 不同时间节点地表倾斜动态预计

通过对不同时间节点工作面开采进行动态倾斜预计，可以清楚地了解开采过程中受影响的地表点倾斜变形动态发展过程，掌握倾斜变形变化规律。在所选定的 4 个时间节点处对 1102202 工作面开采进行倾斜变形动态预计的结果如图 7-7～图 7-11 所示。

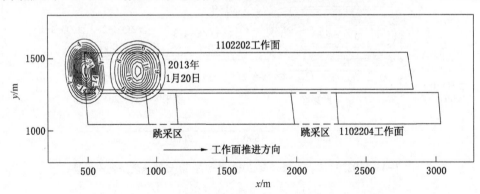

图 7-7　1102202 工作面推进到 2013 年 1 月 20 日时地表倾斜等值线

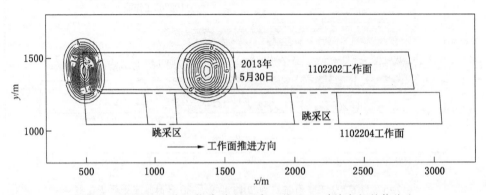

图 7-8　1102202 工作面推进到 2013 年 5 月 30 日时地表倾斜等值线

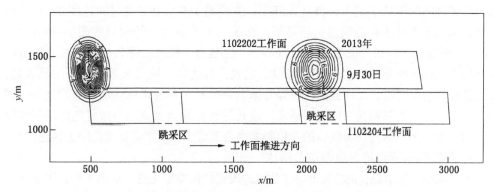

图 7-9 1102202 工作面推进到 2013 年 9 月 30 日时地表倾斜等值线

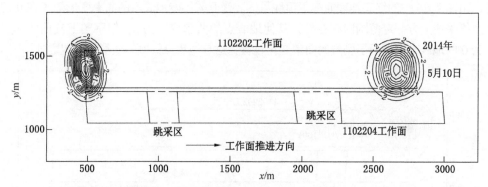

图 7-10 1102202 工作面推进到 2014 年 5 月 10 日时地表倾斜等值线

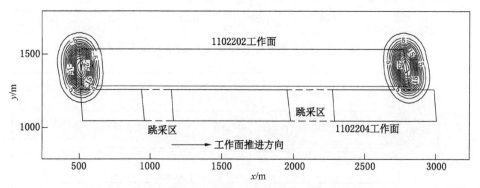

图 7-11 1102202 工作面开采后终态地表倾斜等值线

如果仅从终态地表倾斜等值线来看（图 7-11），地表倾斜主要集中在工作面开切眼上方地表附近及终采线上方地表一定范围内，其他受开采影响地表点的倾斜变形为 0，但由不同时间节点的对比可知，最终倾斜变形为 0 的地表点，在工作面开采过程中也经历了倾斜变形从小到大，再从大到小，直到趋于 0 为止。通过对比图 7-10 和图 7-11 终采线上方地表点的倾斜变形可知，终采线上方地表点的倾斜在图 7-10 中为 8 mm/m，而在终态倾斜等值线中为 31 mm/m，这是由于经过足够长的时间后，所有已经开采的工作面所导致的岩层移动传递到地表，且达到该地质采矿条件下的最大值，而在进行动态预计时，工作面前方已经开采的部分所引起的岩层移动传递到地表，但刚开采部分煤层的影响尚未传递到地表，这是导致相同地表点动态倾斜值比静态倾斜值小的主要原因。另外，等值线的变化趋势也会随着工作面推进逐渐向前方传递。

3. 不同时间节点地表曲率动态预计

在不同的时间节点，同样对开采影响区地表点的曲率变化进行动态预计，图 7-12～图 7-16 清楚地反映了在 1102202 工作面推进过程中，地表点的曲率随时间的动态变化过程。由图 7-16 中的终态地表曲率等值线可知，受开采影响地表点的曲率变形除了在开切眼及终采线上方一定范围内存在外，其他地表点的曲率变形为 0，但事实上其他曲率变形为 0 的地表点也经历了剧烈的曲率变化过程，这与地表点的倾斜变形有相似之处。

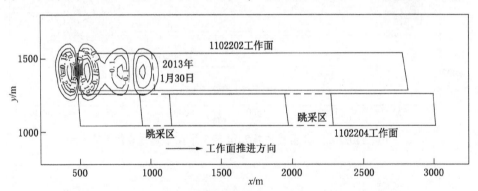

图 7-12　1102202 工作面推进到 2013 年 1 月 20 日时地表曲率等值线

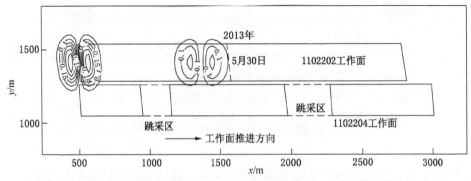

图 7-13　1102202 工作面推进到 2013 年 5 月 30 日时地表曲率等值线

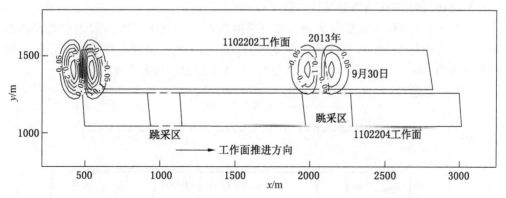

图 7-14 1102202 工作面推进到 2013 年 9 月 30 日时地表曲率等值线

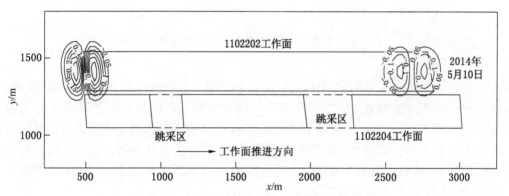

图 7-15 1102202 工作面推进到 2014 年 5 月 10 日（工作面开采结束时）时地表曲率等值线

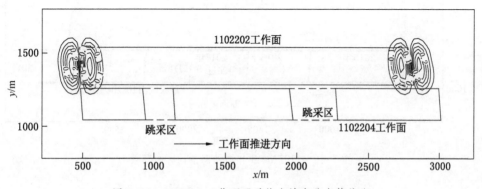

图 7-16 1102202 工作面开采终态地表曲率等值线

7.1.3　1102204 工作面动态预计过程

1102204 工作面受断层的影响，在开采时存在两个跳采区间，因此在进行动态预计时，可以将 1102204 工作面看作 3 个独立的工作面，沿着工作面推进方向分别将其划分为 04-1 工作面、04-2 工作面和 04-3 工作面，如图 7-17 所示。

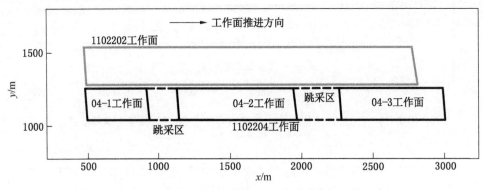

图 7-17　断层影响下 1102204 工作面动态预计划分

第一个时间节点为 04-1 工作面开采结束瞬间，对应时间为 2015 年 8 月 30 日；第二个时间节点选择在 04-2 工作面中间偏右位置，对应的开采月进度线时间为 2016 年 4 月 30 日；第三个时间节点选择在 04-2 工作面开采结束瞬间，对应时间为 2017 年 1 月 5 日；第四个时间节点选择在 04-3 工作面大概中间位置，对应时间为 2017 年 6 月 30 日；第五个时间节点选择在 04-3 工作面开采结束瞬间，对应时间为 2017 年 12 月 30 日。具体情况如图 7-18 所示。

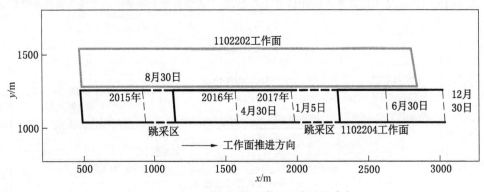

图 7-18　1102204 工作面动态预计时间节点

1. 第一个时间节点动态预计结果（2015 年 8 月 30 日）

第一个动态预计时间节点为 8 月 30 日，具体如图 7-18 所示，即 04-1 工作面开采结束时间，在程序中输入表 7-1 中的相关参数，并给定开采速度 v（开采速度一般为平均推进速度，即 04-1 工作面走向长度除以工作面掘进时间），即可对该时间节点对应的地表移动和变形情况进行预计。

由图 7-19 中的等值线可以看出，由于 04-1 工作面开采导致地表点产生了新的下沉量，由等值线疏密程度可知，开切眼处地表下沉较充分，反映等值线密度较大；终采线处地表下沉相对不足，反映等值线较稀疏，这是由于预计时间节点选择在终采线处，即工作面刚开采结束就对其影响进行预计。因此工作面后方地表点所经历的下沉时间较长，工作面附近及其前方的地表点所经历的下沉时间较短，导致前者下沉充分，后者下沉不足。

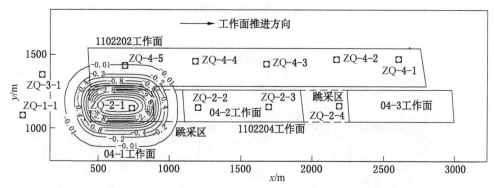

图 7-19 04-1 工作面开采完毕时（2015 年 8 月 30 日）地表新增下沉量

根据经验公式，地表下沉总时间为 $2.5H_0$（H_0 为平均采深），可知 1102202 工作面开采下沉总时间约为 803 d，而 1102204 工作面开采时距离 1102202 工作面的开采时间为 1155 d，因此 1102204 工作面开始开采时，可以认为 1102202 工作面开采导致的地表移动已趋于稳定，将 1102204 工作面的每个时间节点预计的动态移动变形值与 1102202 工作面导致的相应地表点的移动变形值叠加，即可得到最终的移动变形值，第一个时间节点处地表的下沉等值线如图 7-20 所示。倾斜和曲率等值线如图 7-21~图 7-24 所示。

2. 第二个时间节点动态预计结果（2016 年 4 月 30 日）

动态预计的第二个时间节点对应的月进度时间为 2016 年 4 月 30 日，此时工作面推进到如图 7-25 所示的黑线位置处，由于断层的影响工作面并不连续，存在一个跳采区间，对于 04-1 工作面而言，此时地表下沉时间为预计时刻和 04-1 工作面开采时刻的时间间隔，通过计算为 426 d。对于 04-2 工作面而言，动态预计时间为 2016 年 4 月 30 日与其开切眼处的时间间隔，为 183 d，在动态预计中

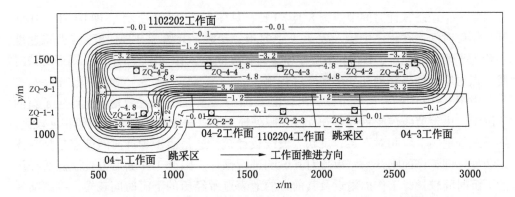

图 7-20　04-1 工作面开采完毕时（2015 年 8 月 30 日）地表下沉等值线
（叠加 1102202 工作面）

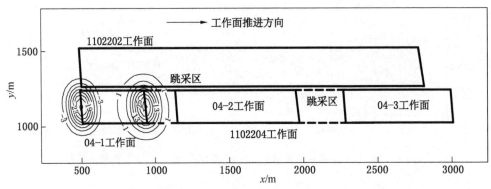

图 7-21　04-1 工作面开采完毕时（2015 年 8 月 30 日）引起的地表倾斜等值线

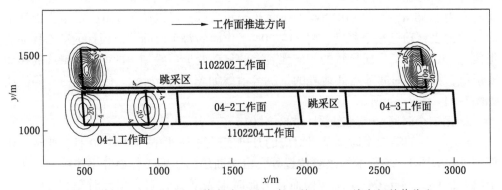

图 7-22　04-1 工作面开采结束时（2015 年 8 月 30 日）地表倾斜等值线
（叠加 1102202 工作面倾斜值）

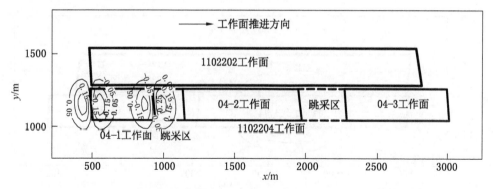

图 7-23 04-1 工作面开采完毕时 (2015 年 8 月 30 日) 引起的地表曲率等值线

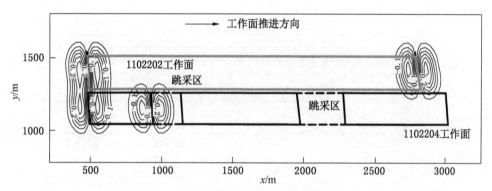

图 7-24 04-1 工作面开采完毕时 (2015 年 8 月 30 日) 地表曲率等值线
(叠加 1102202 工作面曲率值)

必须区分这一特殊情况, 否则难以进行准确的动态过程预计。图 7-25 为第二个时间节点开采 1102204 工作面引起的新增下沉等值线, 图 7-26 为第二个时间节点预计的下沉值叠加 1102202 工作面开采地表下沉量形成的地表点下沉等值线。图 7-27~图 7-30 为倾斜、曲率图及考虑 1102202 工作面开采影响后总倾斜和曲率等值线分布情况。

3. 第三个时间节点动态预计结果 (2017 年 1 月 5 日)

动态预计的第三个时间节点对应的月进度时间为 2017 年 1 月 5 日, 此时工作面推进到 04-2 工作面开采完毕时的位置即图 7-31 中 04-2 工作面右边界处。此时, 对于 04-1 工作面而言, 地表下沉时间为预计时刻 (2017 年 1 月 5 日) 和 04-1 工作面开采时刻的时间间隔, 为 676 d, 对于 04-2 工作面而言, 动态预计时间为 2017 年 1 月 5 日与其开切眼处相应的时间间隔, 为 433 d, 在动态预计程序中分别输入相应

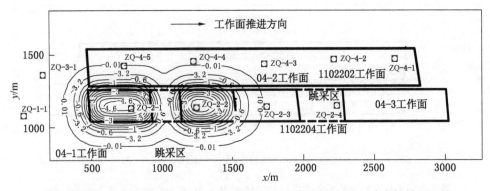

图 7-25　1102202 工作面开采至 2016 年 4 月 30 日（黑线位置）地表新增下沉量

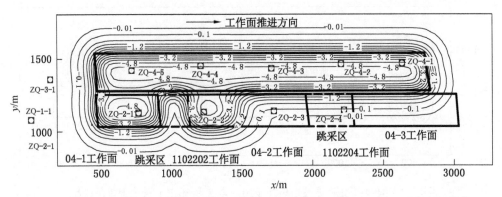

图 7-26　工作面开采至 2016 年 4 月 30 日地表下沉等值线（叠加 1102202 工作面倾斜值）

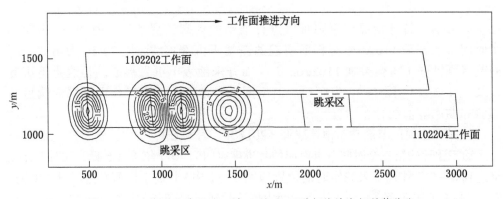

图 7-27　工作面开采至 2016 年 4 月 30 日引起的地表倾斜等值线

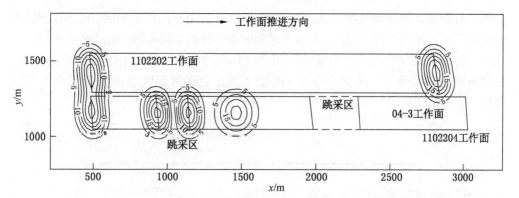

图7-28　工作面开采至2016年4月30日地表倾斜等值线（叠加1102202工作面倾斜值）

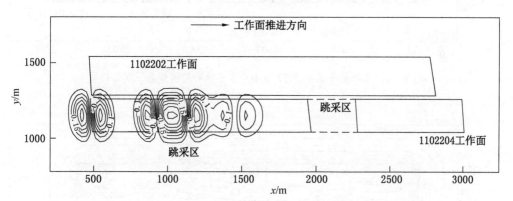

图7-29　1102202工作面开采至2016年4月30日引起的地表曲率等值线

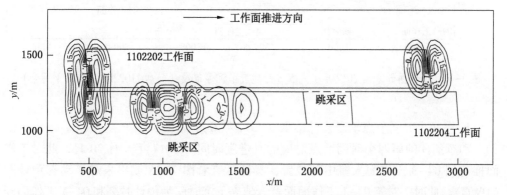

图7-30　工作面开采至2016年4月30日地表曲率等值线（叠加1102202工作面曲率值）

的预计时间节点进行预计即可。图 7-31 为第三个时间节点开采 1102204 工作面引起的新增下沉等值线，图 7-32 为第三个时间节点预计的下沉叠加 1102202 工作面开采地表下沉量形成的地表下沉等值线。图 7-33~图 7-36 分别为工作面推进到 1 月 5 日时地表的新增倾斜、曲率及考虑 1102202 工作面开采影响总的倾斜和曲率变化情况。

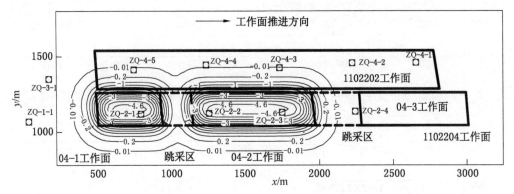

图 7-31　工作面开采至 2017 年 1 月 5 日时引起的地表下沉等值线

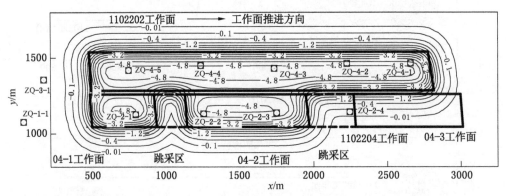

图 7-32　工作面开采至 2017 年 1 月 5 日时地表下沉等值线（叠加 1102202 工作面下沉量）

4. 第四个时间节点动态预计结果（2017 年 6 月 30 日）

动态预计的第四个时间节点对应的月进度时间为 2017 年 6 月 30 日，此时工作面推进到 04-3 工作面大概中间位置，具体可查看图 7-18 或枣泉煤矿动态预计图（DWG）。此时，对于 04-1 工作面而言，地表下沉时间为预计时刻和 04-1 工作面开采时刻的时间间隔，为 852 d；对于 04-2 工作面而言，地表下沉时间为 2017 年 6 月 30 日与其开切眼处相应的时间间隔，为 609 d；对于 04-3 工作面而言，地表下沉时

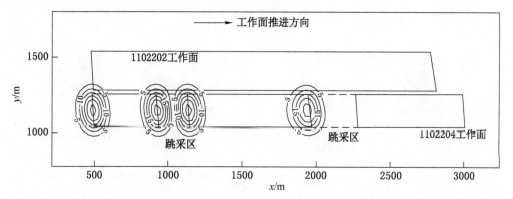

图 7-33　工作面开采至 2017 年 1 月 5 日时引起的地表倾斜等值线

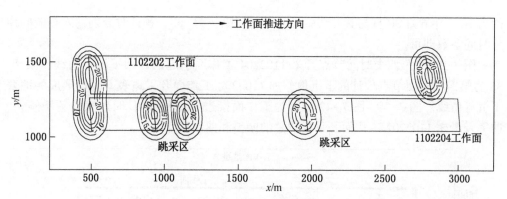

图 7-34　工作面开采至 2017 年 1 月 5 日时地表倾斜等值线（叠加 1102202 工作面倾斜值）

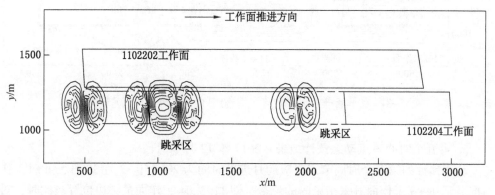

图 7-35　工作面开采至 2017 年 1 月 5 日时引起的地表曲率等值线

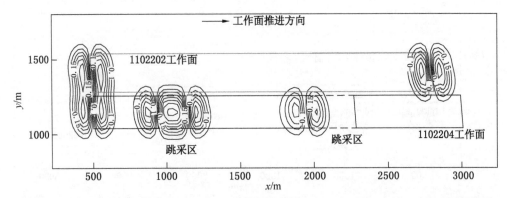

图 7-36　工作面开采至 2017 年 1 月 5 日时地表曲率等值线（叠加 1102202 工作面曲率值）

间为 2017 年 6 月 30 日与其开切眼处的时间间隔，为 90d，预计时分别输入相应的预计时间参数即可。

图 7-37 为第四个时间节点开采 1102204 工作面引起的新增下沉等值线，图 7-38 为第四个时间节点预计的下沉值叠加 1102202 工作面开采地表下沉量形成的地表下沉等值线。图 7-39～图 7-42 分别为工作面推进到 6 月 30 日时地表的新增倾斜、曲率及考虑 1102202 工作面开采影响总的倾斜和曲率变化情况。

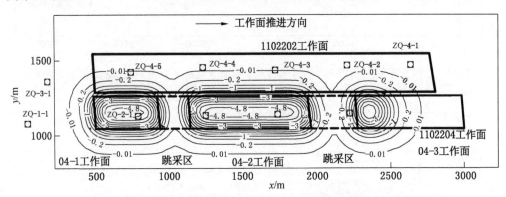

图 7-37　工作面开采至 2017 年 6 月 30 日时引起的地表下沉等值线

5. 第五个时间节点动态预计结果（2017 年 12 月 30 日）

动态预计的第五个时间节点对应的月进度时间为 2017 年 12 月 30 日，此时工作面推进到 04-3 工作面开采结束时的位置，即 1102204 工作面最右边位置。此时，对于 04-1 工作面而言，地表下沉时间为预计时刻和 04-1 工作面开采时刻的时间间隔，为 1035 d；对于 04-2 工作面而言，地表下沉时间为 2017 年 6 月 30 日与其开切

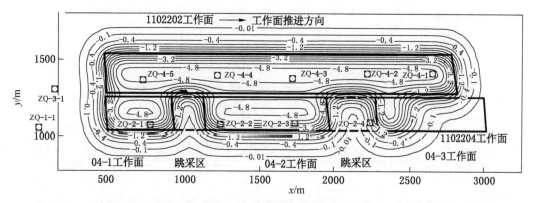

图 7-38 工作面开采至 2017 年 6 月 30 日时地表下沉等值线（叠加 1102202 工作面下沉量）

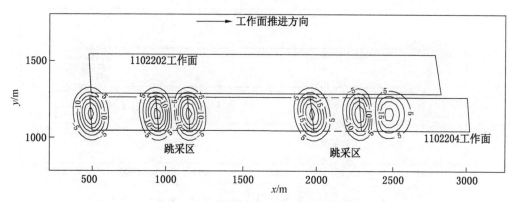

图 7-39 工作面开采至 2017 年 6 月 30 日时地表新增倾斜等值线

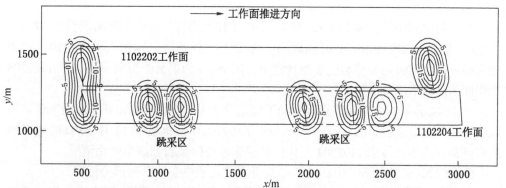

图 7-40 工作面开采至 2017 年 6 月 30 日时地表倾斜等值线（叠加 1102202 工作面倾斜值）

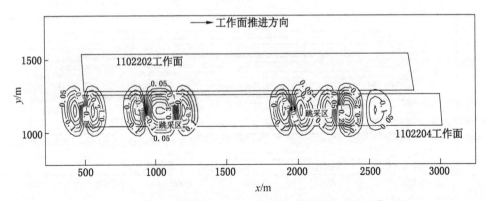

图 7-41　工作面开采至 2017 年 6 月 30 日时新增地表曲率等值线

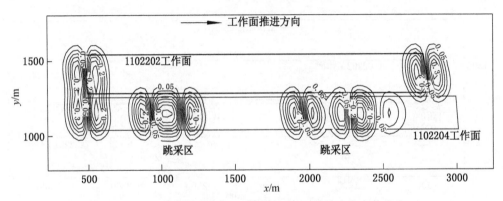

图 7-42　工作面开采至 2017 年 6 月 30 日时地表曲率等值线
（叠加 1102202 工作面曲率值）

眼处相应的时间间隔，为 792 d；对于 04-3 工作面而言，地表下沉时间为 2017 年 6 月 30 日与其开切眼处相应的时间间隔，为 287d，预计时分别输入相应的预计时间参数即可得出此时地表移动变形预计结果。图 7-43 为第五个时间节点开采 1102204 工作面引起的下沉等值线。

图 7-44 为第五个时间节点预计的下沉值叠加 1102202 工作面开采地表下沉量形成的地表下沉等值线。图 7-45～图 7-48 分别为工作面推进到 12 月 30 日时地表的新增倾斜、曲率及考虑 1102202 工作面开采影响总的倾斜和曲率变化情况。

6. 1102204 工作面和 1102202 工作面开采后地表终态移动变形等值线

1102204 工作面和 1102202 工作面开采后，其对地表的影响将持续几年，持续时间与工作面的开采深度及工作面上覆岩层的性质有关，通过对大量实测资料的分析可知，工作面开采对地表移动变形的影响时间大概为 $2.5H_0$（d），H_0 为工作面平

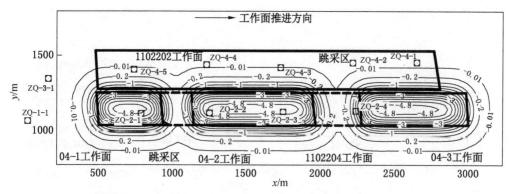

图 7-43 工作面开采至 2017 年 12 月 30 日时地表新增下沉等值线

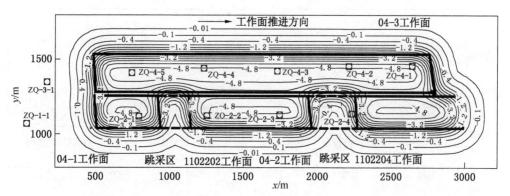

图 7-44 工作面开采至 2017 年 12 月 30 日时地表下沉等值线（叠加 1102202 工作面下沉量）

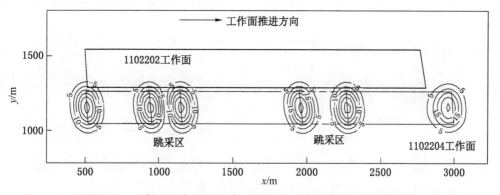

图 7-45 工作面开采至 2017 年 12 月 30 日时新增地表倾斜等值线

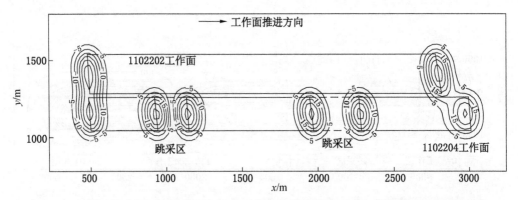

图 7-46　工作面开采至 2017 年 12 月 30 日时地表倾斜等值线（叠加 1102202 工作面倾斜值）

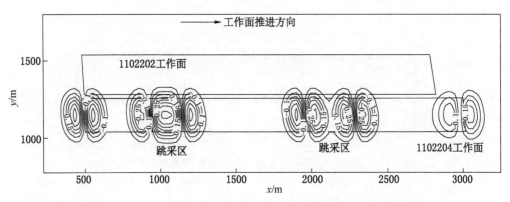

图 7-47　工作面开采至 2017 年 12 月 30 日时新增地表曲率等值线

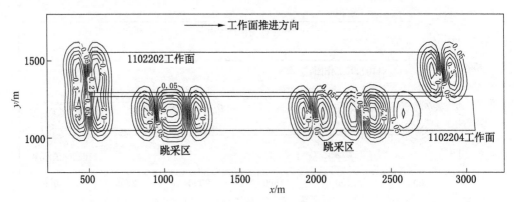

图 7-48　工作面开采至 2017 年 12 月 30 日时地表曲率等值线（叠加 1102202 工作面曲率值）

均采深。图 7-49 为两个工作面开采后地表移动稳定后的下沉等值线，图 7-50 和图 7-51 分别为两个工作面开采后地表移动稳定后的倾斜和曲率等值线。

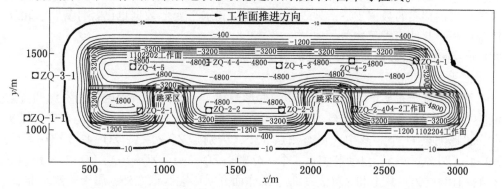

图 7-49　1102204 工作面和 1102202 工作面开采后地表终态下沉等值线

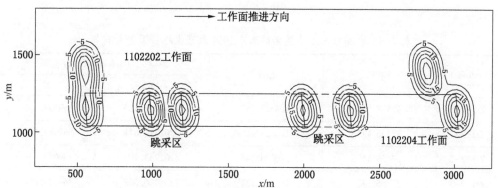

图 7-50　1102204 工作面和 1102202 工作面开采后地表终态倾斜等值线

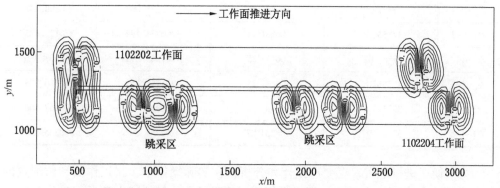

图 7-51　1102204 工作面和 1102202 工作面开采后地表终态曲率等值线

由图 7-50、图 7-51 可知在煤 02 和煤 04 工作面开采后，地表点的最终下沉、倾斜和曲率的分布及数值的大小，可为后续矿区相关工程建设及生态环境恢复治理等工作提供翔实的数据支撑。地表的水平移动和水平变形数据也已经计算出，由于篇幅所限，此处不再赘述。

7.1.4　地表监测数据与预计结果的对比分析

1. 监测点概况

为了掌握宁东矿区采空区地表移动变形规律，宁夏回族自治区国土资源调查监测院在宁东枣泉、梅花井、红石湾等 9 个煤矿布设了地表移动观测站，在枣泉煤矿共布设监测点 11 个。其中人工监测点 5 个，分别是 ZQ-4-1、ZQ-4-2、Q-4-3、ZQ-4-4 和 ZQ-4-5；自动监测点 4 个，分别是 ZQ-2-1、ZQ-2-2、ZQ-2-3 和 ZQ-2-4；监测点 ZQ-1-1 和 ZQ-3-1 位于工作面开采影响区域之外，属于监测基准点，可为监测成果的数据处理提供精确的、稳定可靠的起算数据。

枣泉煤矿 11 个监测点的经纬度坐标及其 1954 北京坐标系下 3°带坐标见表 7-3。

表7-3　监测点的经纬度坐标及其 1954 北京坐标系下 3°带坐标

点号	经度	纬度	1954 北京坐标系下 3°带坐标	
			X	Y
ZQ-1-1	37°57′14″	106°31′15″	4203486.500	369994.115
ZQ-2-1	37°56′49″	106°31′15″	4202715.621	369981.873
ZQ-2-2	37°56′34″	106°31′14″	4202253.482	369950.110
ZQ-2-3	37°56′18″	106°31′13″	4201760.508	369917.854
ZQ-2-4	37°56′02″	106°31′12″	4201267.534	369885.597
ZQ-3-1	37°57′09″	106°31′26″	4203328.063	370260.242
ZQ-4-1	37°55′48″	106°31′24″	4200831.194	370171.823
ZQ-4-2	37°56′02″	106°31′25″	4201262.497	370203.086
ZQ-4-3	37°56′18″	106°31′25″	4201755.859	370210.903
ZQ-4-4	37°56′34″	106°31′27″	4202248.446	370267.560
ZQ-4-5	37°56′50″	106°31′27″	4202741.808	370275.376

为了便于进行地表移动变形预计和分析，在实际操作中，将工作面和监测点的 1954 北京坐标系下的坐标转换到工作面坐标系下进行，转换后监测站与工作面的相对位置关系如图 7-52 所示。需要说明的是，无论坐标系如何改变，只要其相对位

置关系不变，就不会影响分析结果。

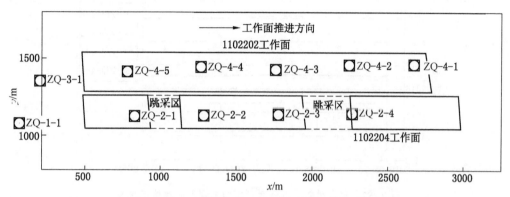

图 7-52 监测点位置与 1102204 工作面和 1102202 工作面的相对位置关系

由图 7-52 中监测点与工作面的相对位置关系可知，监测基准点 ZQ-3-1 和 ZQ-1-1，位于开采影响范围之外，其余各点位于工作面上方，属于受开采影响的地表点，即监测点。通过对这些监测点不间断的周期观测，能够监测地表点受地下工作面开采的影响和移动变形规律，能够为后续矿区开采时提前预测地表下沉及移动变形提供借鉴。

2. 人工监测点观测数据的对比分析

对于人工监测点，主要采用四等水准测量方法，求取在观测时间段内，监测点在 1985 国家高程基准系统下的高程值，通过对不同时间段监测点高程值变化的分析，可得到各期监测点的垂直位移，进而分析其受地下工作面开采的影响过程和变化规律。在水准观测过程中严格执行四等水准测量方法。在测量技术路线的选取上，基准站水准测量采用闭合水准路线的方法进行，观测站测量也采用闭合水准路线的方法进行，且为同一区段观测。测量精度的高低受多种外界条件的影响，其中太阳辐射强度变化对测量精度的影响不可忽视，因此，根据测区的日照情况，每天测量时间定在：上午 7：30—11：30，下午 2：00—7：00，这样可以在很大程度上降低测量误差的影响，提高观测数据的精度及可靠性。通过数据处理，每期观测过程中各种检核误差均符合规范要求。

地表监测点已有观测数据 3 期，分别为 2015 年 5 月、2016 年 11 月和 2017 年 11 月观测数据，最新一期观测成果为 2018 年 11 月观测数据。监测点 ZQ-4-1 在第二期观测时已被破坏，没有得到相关有效的监测数据。监测点 ZQ-4-5 在第四期观测时已被破坏，只得到第三期有效观测数据。通过对观测数据的处理，绘制出了第四期观测成果的高程值变化图，如图 7-53 所示。

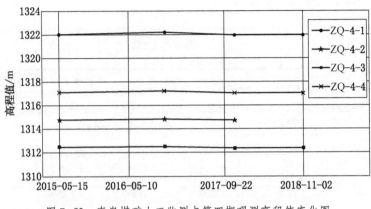

图 7-53 枣泉煤矿人工监测点第四期观测高程值变化图

通过计算得到了各监测点年度下沉量（表7-4）；年度下沉量如图7-54所示。

表7-4 各期监测点年度下沉量

点号	2015 年 5 月（高程）	2016 年 11 月（高程）	2016 年下沉量/mm	2017 年 11 月（高程）	2017 年下沉量/mm	2018 年 11 月（高程）	2018 年下沉量/mm
ZQ-3-1	1319.037	1319.037	—	1319.037	—	基准点	—
ZQ-4-1	1328.830	已破坏	—	已破坏	—	已破坏	—
ZQ-4-2	1322.028	1322.195	167	1321.947	−81	1321.970	−58
ZQ-4-3	1317.122	1317.232	110	1317.036	−86	1317.054	−68
ZQ-4-4	1312.479	1312.510	31	1312.370	−109	1312.386	−93
ZQ-4-5	1314.789	1314.824	35	1314.729	−95	已破坏	—

由图 7-53、表7-4 和图 7-54 可以看出，人工监测点在观测的 4 个时间段内高程值变化不大。由于枣泉煤矿地表监测点全部位于 1102202 工作面和 1102204 工作面上方地表，为了说明地表监测点的变化情况，将监测点展绘到地表终态下沉图上，如图 7-55 所示。

通过对比监测点所在的等值线区间，即可量测地表监测点从工作面开始开采到监测点移动稳定时的最大下沉量。

由图 7-55 可知，人工监测点 ZQ-4-1、ZQ-4-2、ZQ-4-3、ZQ-4-4 和 ZQ-4-5 基本全部位于地表下沉盆地平底部分。由观测日期可知，第一次监测时间为 2015 年 5 月，1102202 工作面开采结束时间为 2014 年 5 月 10 日。因此，第一次观测时间

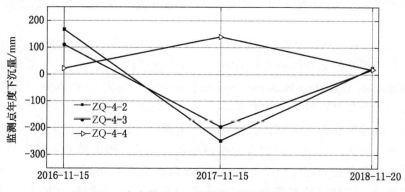

图 7-54 枣泉煤矿人工监测点 4 期观测相对下沉量

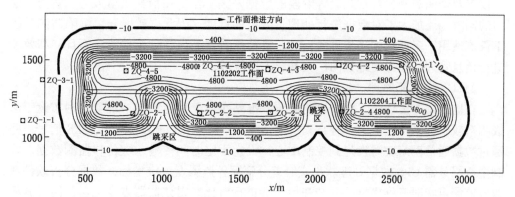

图 7-55 监测点与 1102204 工作面和 1102202 工作面终态下沉图叠加

位于 1102202 工作面开采完毕的一年以后,在 2013 年 9 月 30 日监测点 ZQ-4-1、ZQ-4-2、ZQ-4-3、ZQ-4-4 和 ZQ-4-5 就已基本达到最大下沉量,因此到 2015 年 5 月监测时,这几个点的下沉量已经非常充分,这也是表 7-4 中各期下沉量较小的主要原因。在观测过程中出现了正下沉,下沉出现正值的原因是由于部分下沉点出现了一定程度的微小反弹,这符合矿山开采地表移动变形的一般规律。

3. 自动监测点观测数据的对比分析

1) GNSS 监测站概况及其重要意义

GNSS 系统是指我国的北斗导航卫星系统(BDS)、美国全球定位系统(GPS)、俄罗斯格洛纳斯导航卫星系统(GLONASS)以及欧洲伽利略系统的总称,目前,国内将该项技术的集成应用引入矿山变形监测领域的矿区还不多。从长期来看,该项技术的引入将会节约大量监测经费,获得海量监测数据,为后续矿区地表沉陷和移动变形规律的研究，以及矿区土地生态修复和复垦工作提供重要的技术支撑。

采用 GNSS 系统对地表移动变形进行监测，是 GNSS 系统的发展及其应用领域拓展的成果，在提高监测时间分辨率的同时，极大地节约了人力。连续运行参考站系统（Continuously Operating Reference System）的应用，为大范围 GNSS 变形监测提供了有效途径，并且具有巨大的技术优势，主要体现在：①可以实时提供测站点的三维位置、三维速度和精密时间；②测站之间不需要通视并且不受天气条件的限制；③可以全球、全天候、全天时地实时提供定位、测速、授时信息；④定位精度高，采用载波相位差分技术定位精度可以达到 mm 级甚至优于 mm 级的精度；⑤GNSS 系统可以实现地表监测点位移变化量的动态实时获取。可以预见，GNSS 系统在矿区地表变形监测领域的应用将越来越广泛。如果采用常规方法建立地表移动观测站，不仅涉及全面观测、日常观测等阶段的数据采集工作，在消耗大量人力、物力、财力的同时，还加大了对数据进行处理、分析的难度。因此，矿区开采沉陷监测系统不仅能适用于多种数据采集方式，具有自动化数据处理与分析功能，而且能高效地进行信息管理，能方便地面向广大基层人员使用。

2）GNSS 监测原理

在监测站布设环节，将自动化监测基准站布设于稳定区域，观测站则布设于形成相对较晚的采空区上方。各自动观测站点与基准点接收机实时接收 GPS 信号，并通过数据通信网络实时发送到控制中心，设定固定时间传输一次位移监测数据。控制中心服务器 GPS 数据处理软件实时差分解算各监测点三维坐标，数据分析软件获取各监测点实时三维坐标，并与初始坐标进行对比获得该监测点变化量，同时分析软件根据事先设定的预警值进行报警。

3）自动监测数据分析

枣泉煤矿在 1102204 工作面采空区上方共布设了 4 个自动化监测点，监测点和工作面的位置关系如图 7-56 所示，GNSS 系统自动监测点点号为：ZQ-2-1、ZQ-2-2、ZQ-2-3 及 ZQ-2-4。其下方 10 号煤层 1102204 工作面于 2015 年 3 月开始生产，2018 年 2 月开采完毕。

枣泉煤矿自动监测工作始于 2015 年 2 月 7 日，每隔 7 天传回一次数据，每周共收集 4 次观测数据，观测数据中不但包含了监测点垂直方向的位移量（地表点下沉）大小，还包含了地表点的 X 方向位移、Y 方向位移和监测点的三维空间位移量大小，监测数据连续、可靠。由于 GNSS 系统监测点设置由专人负责定期检查，因此在 4 年的监测过程中没有一个监测点遭到人为破坏，这为连续观测地下开采的影响，研究地表移动变形的时空过程，提供了稳定可靠的数据源。由于数据量较大，表 7-5 列出了 2015 年 2—5 月监测点 ZQ-2-1 的 GNSS 系统监测成果。

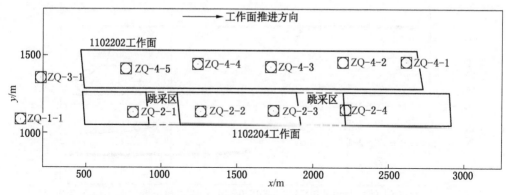

图 7-56 枣泉煤矿 GNSS 系统监测点和 1102204 工作面相对位置

表 7-5 枣泉煤矿 GNSS 系统监测点 ZQ-2-1 自动监测数据 　　　 mm

ZQ-2-1 监测数据列表（部分）						
区域码	测站 ID	X	Y	Z	XYZ	观测时间
640181	20102	0	0	0	0	2015-02-07 0 点
640181	20102	1.3	-0.6	1.7	2.2	2015-02-14 0 点
640181	20102	1.9	-1.7	2.7	3.7	2015-02-21 0 点
640181	20102	1.6	-0.1	2.8	3.3	2015-02-28 0 点
640181	20102	2.2	-2.2	-2.3	3.9	2015-03-07 0 点
640181	20102	3.4	1.1	-0.7	3.6	2015-03-14 0 点
640181	20102	3.1	6	-0.5	6.8	2015-03-21 0 点
640181	20102	3.6	10.7	-3.7	11.9	2015-03-28 0 点
640181	20102	4.3	12.1	-6.6	14.4	2015-04-07 0 点
640181	20102	3.9	16.6	-6	18.1	2015-04-14 0 点
640181	20102	4	24.2	-9	26.1	2015-04-21 0 点
640181	20102	4.4	38.3	-16.2	41.8	2015-05-07 0 点
640181	20102	4.5	40.3	-15.5	43.4	2015-05-14 0 点
640181	20102	4.8	42.7	-12.3	44.7	2015-05-21 0 点
640181	20102	5.2	44.7	-17	48.1	2015-05-28 0 点

地下工作面开采将导致地表产生下沉、倾斜、水平移动等变化，重点分析监测点的垂直位移，通过处理 4 个自动观测站近几年的数据，绘制出各监测点的下沉量，如图 7-57 所示。

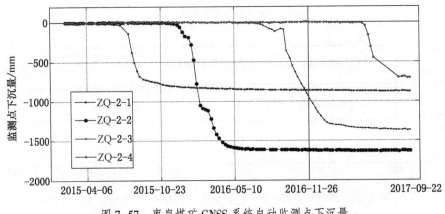

图 7-57　枣泉煤矿 GNSS 系统自动监测点下沉量

由图 7-57 可以看出，由于监测点位置不同，它们的下沉过程也有很大区别。距离开切眼近的监测点，它的地表下沉开始时间较早，如监测点 ZQ-2-1 在 4 个自动监测点中距离开切眼最近，因此该监测点的下沉早于其他各点，然后，随着工作面推进，监测点 ZQ-2-2、ZQ-2-3 和 ZQ-2-4 陆续开始下沉，由对监测数据的分析可知，监测点 ZQ-2-1 的下沉活跃期为 2015 年 7 月 7 日到 2016 年 6 月 7 日，期间共下沉 817.8 mm，占最大下沉量（877.7 mm）的 93.2%，活跃期的平均下沉速度为 2.4 mm/d；监测点 ZQ-2-2 的下沉活跃期为 2015 年 12 月 14 日到 2016 年 8 月 14 日，期间共下沉 1561.7 mm，占最大下沉量（1633.3 mm）的 95.6%，活跃期的平均下沉速度为 6.4 mm/d；监测点 ZQ-2-3 的下沉活跃期为 2016 年 7 月 28 日到 2017 年 4 月 7 日，期间共下沉 1305.1 mm，占最大下沉量（1544.3 mm）的 84.5%，活跃期的平均下沉速度为 5.2 mm/d；监测点 ZQ-2-4 的下沉活跃期为 2017 年 4 月 28 日到 2017 年 7 月 28 日，期间共下沉 656.6 mm，占最大下沉量（808.9 mm）的 81.2%，活跃期的平均下沉速度为 7.2 mm/d。

4）自动监测结果与动态预计结果的对比

枣泉煤矿自动观测站从 2015 年 2 月开始观测，连续不间断地获取监测点三维坐标数据，目前已监测了三年多，获得了大量监测数据。前面章节中采用了动态预计模型对开采影响的动态过程进行了研究，预计了不同时间节点的地表移动变形值，将 GNSS 系统监测数据和动态预计结果进行简要对比说明，重点比较垂直位移的变化情况。为了方便对比，首先将监测点展绘到工作面坐标系下，如图 7-58~图 7-62 所示。

图 7-58 中，2015 年 8 月 30 日动态预计的 ZQ-2-1 的下沉量为 3460 mm，GNSS 系统监测的下沉量为 684.6 mm，两者差值为 2775.4 mm，此时其他自动监测点还没

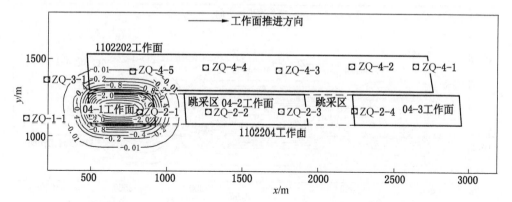

图 7-58 工作面推进至 2015 年 8 月 30 日时地表新增下沉量

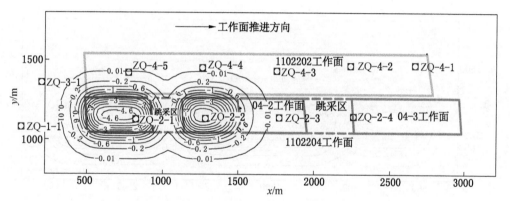

图 7-59 工作面开采至图中黑线位置（2016 年 4 月 30 日）地表新增下沉量

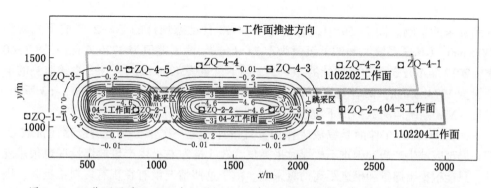

图 7-60 工作面开采至 2017 年 1 月 5 日（04-2 工作面开采完毕时）新增地表下沉量

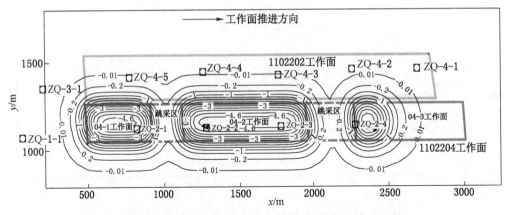

图 7-61　工作面开采至 2017 年 6 月 30 日新增地表下沉量

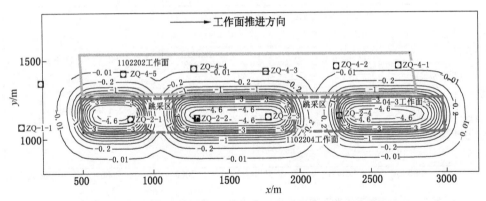

图 7-62　工作面开采至 2017 年 12 月 30 日地表新增下沉等值线

受到开采的影响。图 7-59 中，2016 年 4 月 30 日动态预计的 ZQ-2-2 的下沉量为 4300 mm，GNSS 系统监测的下沉量为 1574.4 mm，两者差值为 2725.6 mm；图 7-60 中，2017 年 1 月 5 日动态预计的 ZQ-2-3 的下沉量为 4230 mm，GNSS 系统监测的下沉量为 1273.6 mm，两者差值为 2956.4 mm。两者监测的下沉量，如图 7-63 所示，可见 GNSS 系统监测数据的下沉量比同一时期的动态预计值小一个常数 C。

因为 1102204 工作面是综放工作面，且设计的是一次采全高，所以存在常数 C。但在局部区域生产遇到困难不放煤时采高仅为 3.5 m 左右，生产班放煤情况也很难统计，只能根据出煤量和推进距离估算采高。由于这些情况没有在现有资料中反映，因此在预计时输入的采厚是设计采厚，与实际开采情况出入较大，也是预计值和实测值存在差异的主要原因。由图 7-63 可以看出，无论是从地表点的下沉时间，还是从地表点的相对下沉量或各阶段的下沉速度来看，理论预测值都与 GNSS 监测地表垂直位移

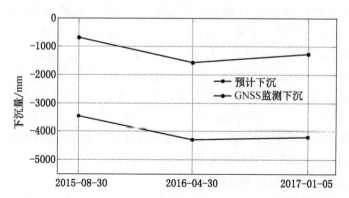

图 7-63 GNSS 系统监测点下沉量和动态预计下沉量对比

的变化情况高度吻合。因此，从 GNSS 测量的连续性和实时性来看，开展 GNSS 长期监测对研究矿区开采地表动态移动和变形规律具有重要的理论意义和实用价值。

7.2 梅花井煤矿典型工作面地表变形进程分析

　　梅花井煤矿 1110208 工作面为 2018 年新开采工作面，地表监测点 MHJ-4-5 位于工作面正上方，为了更大范围地预计地表监测点的动态变化情况，此次动态预计还考虑了 112201、112203、1106106、1106108、1110206 工作面的开采影响。为了方便研究、分析，在动态预计时还将其 1954 北京坐标系转换为工作面坐标系，通过在图上分析量算，枣泉煤矿的坐标系旋转角度为 290.45°，坐标系转换并不影响地表、地表监测点和工作面的相对位置关系。工作面及监测点分布如图 7-64 所示。

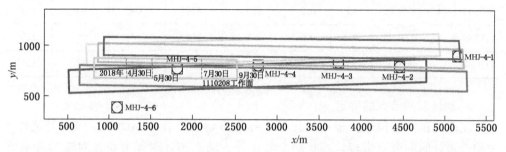

图 7-64 工作面坐标系下 112201、112203 等 6 个工作面位置及监测点分布

　　由图 7-64 可知，监测点 MHJ-4-5 位于 1110208 工作面正上方，监测点 MHJ-4-4、MHJ-4-3、MHJ-4-2 和 MHJ-4-1 的位置如图 7-64 所示，由监测点的位置判

断，其下方的 112201 和 112203 等 6 个工作面对监测点的移动变形会产生影响。

由于工作面是分层的，如果在图上标注工作面编号则会影响图面的清晰度，因此图中用不同的灰度区分不同的工作面，112201 工作面、112203 工作面、1106106 工作面、1106108 工作面、1110206 工作面、1110208 工作面共 6 个工作面。1110208 工作面于 2018 年 3 月初采，此次动态预计分为两部分：第一部分主要研究分析 1110208 工作面开采过程中不同的时间节点地表移动变形的时间过程；第二部分主要在地表监测点的各观测时间进行预计，预计各监测点在观测时间节点的理论下沉值，然后将理论预计结果和实测结果进行对比分析。

7.2.1　预计参数及预计时间节点的确定

1. 预计参数的确定

参照《三下采煤规范》中推荐的按岩层性质区分的地表移动一般参数综合表及梅花井煤矿矿山地质环境保护与恢复治理方案中相关章节给出的预计参数，并根据陕北及宁夏地区已有相关资料，确定了动态预计概率积分参数，见表 7-6。因此，不同预计时刻工作面的平均推进速度是有差异的，预计时采用不同的平均速度参数，可使预计结果更精确。预计时的时间函数参数由程序自动求取。

表 7-6　梅花井煤矿 112201、112203 等 6 个工作面动态预计概率积分参数

工作面编号	采厚/m	下沉系数 q	倾角/(°)	水平移动系数 b	主要影响角正切 $\tan\beta$	下山方向采深 H_1/m	上山方向采深 H_2/m	开采影响传播角/(°)	主要影响半径 r/m
112201	3.6	0.8	15.7	0.3	2.3	141	70	80.6	46
112203	3.5	0.8	17	0.3	2.3	152	84	79.8	52
1106106	3.7	0.8	9	0.3	2.3	250	220	84.6	103
1106108	4.3	0.85	15	0.3	2.3	424	334	81	158
1110206	4	0.85	17.5	0.3	2.3	316	261	79.5	120
1110208	4	0.8	15	0.3	2.3	385	328	81	155

2. 预计时间节点的确定

在动态预计过程中，根据工作面实际掘进情况，在 1110208 工作面上选择 5 个动态预计时间节点进行地表移动变形预计，动态预计时间节点及对应的开采天数见表 7-7。由于 112201、112203 等其余 5 个工作面的停采时间距离 1110208 工作面的开采时间间隔较长，结合工作面的推进方向，根据推算可知，1110208 工作面开采时，其余 5 个工作面引起的地表移动变形已趋于稳定，残余下沉和变形很小，故在对 1110208 工作面进行动态预计时，只需将其动态预计值与其余 5 个

工作面开采地表移动变形终态值相加，即可得出 1110208 工作面动态预计时刻的移动变形值。

表7-7　动态预计时间节点及对应的开采天数

工作面编号	开采起始时间	第 1 次动态预计及对应开采天数	第 2 次动态预计及对应开采天数	第 3 次动态预计及对应开采天数	第 4 次动态预计及对应开采天数	第 5 次动态预计及对应开采天数
1110208	2018 年 3 月	2018 年 4 月 30 日 (40 d)	2018 年 5 月 30 日 (70 d)	2018 年 7 月 30 日 (131 d)	2018 年 9 月 30 日 (193 d)	2018 年 11 月 5 日 (229 d)

7.2.2　1110208 工作面动态预计过程

根据 1110208 工作面的走向长度，结合工作面的推进速度及过程，在动态预计时选择了 5 个时间节点进行动态预计，分别是 2018 年 4 月 30 日、2018 年 5 月 30 日、2018 年 7 月 30 日、2018 年 9 月 30 日和 2018 年 11 月 5 日。具体时间节点的工作面位置和工作面的关系如图 7-65 所示，前 3 个时间节点为图中虚线所示位置，第 4 个时间节点位于 9 月 30 日工作面所在位置，第 5 个时间节点则选择为近期，主要预计近期由于 1110208 工作面开采导致的地表移动和变形的大小。

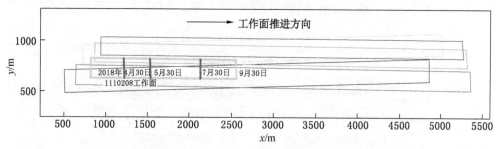

图 7-65　1110208 工作面动态预计时间节点划分

在 5 个时间节点对由于 1110208 工作面开采导致的地表动态移动变形，包括地表下沉、走向方向倾斜、倾向方向倾斜、走向方向曲率、倾向方向曲率、走向方向水平移动、倾向方向水平移动、走向方向水平变形和倾斜方向水平变形进行预计，找出地表移动变形随工作面开采的变化规律，为后续矿山环境生态保护和环境治理提供更为实时、准确的数据支撑。为了节约篇幅，仅对地表下沉、走向倾斜、走向曲率进行分析。

1. 不同时间节点地表下沉动态预计

当动态预计的时间节点确定后，结合表 7-1 中的预计参数，并给定开采速度 v，即可对该时间节点对应的地表移动和变形情况进行预计。

　　由于工作面推进到 4 月 30 日时（图 7-66），工作面的推进距离较小，此时工作面到开切眼的距离仅为 391m，由于地表移动滞后工作面开采，初次采动的启动距离为 $0.25H_0 \sim 0.5H_0$。考虑到工作面非初次采动，如果按 $0.25H_0$ 估算启动距离，则起动矩为 89m，即当工作面开采到 89 m 时，由于 1110208 工作面的开采影响将传递到地表，地表点所经历的下沉时间短，故下沉量和下沉范围都很小。由于在 1110208工作面开采前，其他 5 个工作面的开采影响已基本达到稳定，因此将第一个时间节点预计的地表下沉量与地表已有的下沉量相加，即可得到 2018 年 4 月 30 日地表的实际下沉情况，图 7-67 为此时刻的地表下沉等值线。

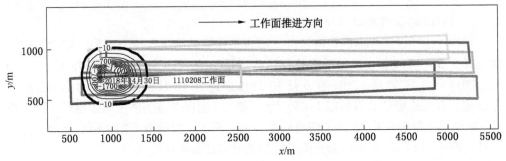

图 7-66　1110208 工作面推进到 2018 年 4 月 30 日时的地表下沉等值线

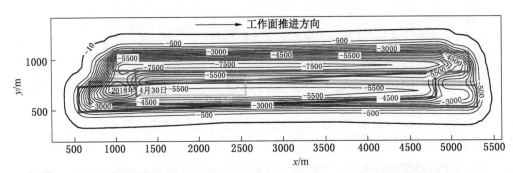

图 7-67　1110208 工作面推进到 2018 年 4 月 30 日时的地表下沉等值线（叠加其他工作面）

　　图 7-68 为第二个时间节点预计的地表下沉等值线，此时距离开切眼 707 m。

　　图 7-69 为第二个时间节点 1110208 工作面开采导致的地表下沉量与地表已有下沉量叠加后的等值线，由图 7-69 可知，受 1110208 工作面上方分层开采的影响，1110208 工作面的开采不会导致地表下沉范围的增加，只会在图 7-68 的影响范围内增大相应地表点的下沉量。

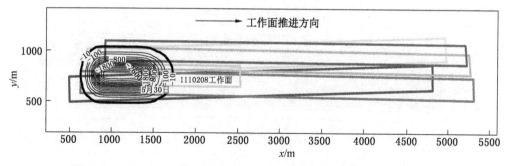

图 7-68　1110208 工作面推进到 2018 年 5 月 30 日时的地表下沉等值线

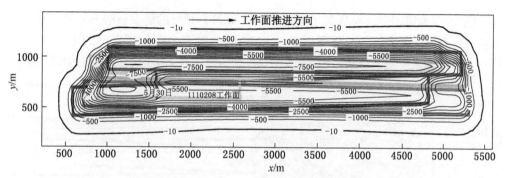

图 7-69　1110208 工作面推进到 2018 年 5 月 30 日时的地表下沉等值线（叠加其他工作面）

图 7-70 为第三个时间节点预计的地表下沉等值线，此时距离开切眼 1300 m。随着工作面的推进，在走向方向上地表新增下沉范围逐渐扩大，虽然受 1110208 工作面上方其他工作面开采影响的地表点已趋于稳定，但由于 1110208 工作面开采，又逐渐进入移动和变形的活跃期。图 7-71 为新下沉叠加已有下沉等值线。

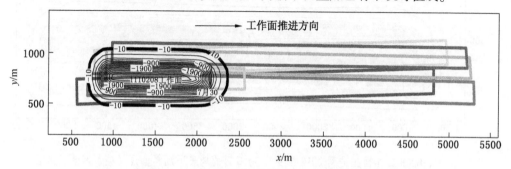

图 7-70　1110208 工作面推进到 2018 年 7 月 30 日时的地表下沉等值线

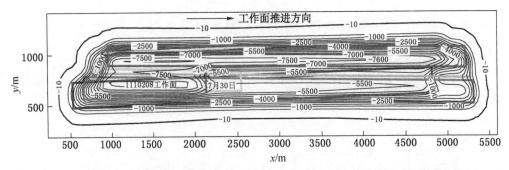

图 7-71　1110208 工作面推进到 2018 年 7 月 30 日时的地表下沉等值线（叠加其他工作面）

图 7-72 为第四个时间节点（2018 年 9 月 30 日）预计的地表新增下沉量，图 7-73 为叠加已有下沉量之后的总体下沉量。图 7-74 为第五个时间节点（2018 年 11 月 5 日）预计的地表新增下沉量，图 7-75 为叠加地表点已有下沉值后的终态下沉等值线。

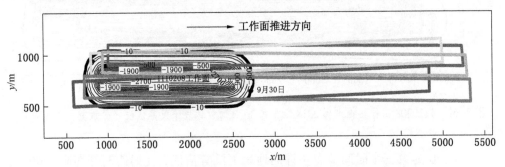

图 7-72　1110208 工作面推进到 2018 年 9 月 30 日时的地表下沉等值线

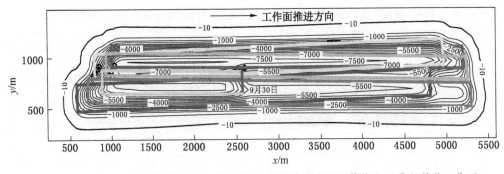

图 7-73　1110208 工作面推进到 2018 年 9 月 30 日时的地表下沉等值线（叠加其他工作面）

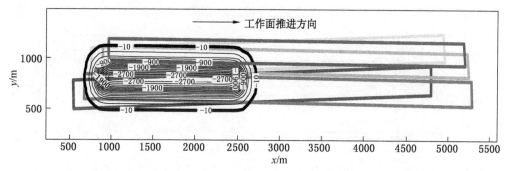

图 7-74　1110208 工作面推进到 2018 年 11 月 5 日时的地表下沉等值线

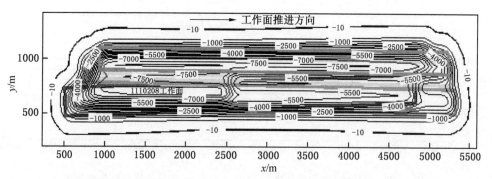

图 7-75　1110208 工作面推进到 2018 年 11 月 5 日时的地表下沉等值线（叠加其他工作面）

2. 不同时间节点地表倾斜动态预计

通过对不同时间节点工作面开采进行倾斜动态预计，可以清楚地了解开采过程中受影响的地表点倾斜变形的动态发展过程，掌握倾斜变形的变化规律。在所选定的 5 个时间节点对 1110208 工作面开采进行倾斜变形动态预计，如图 7-76 ~ 图 7-80 所示，新采工作面引起的倾斜与其他工作面开采导致的地表倾斜叠加后的等值线，如图 7-81 ~ 图 7-85 所示。

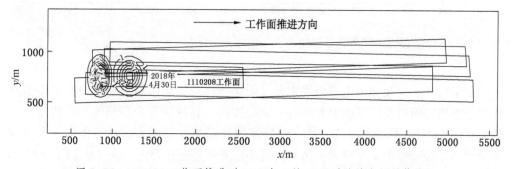

图 7-76　1110208 工作面推进到 2018 年 4 月 30 日时的地表倾斜等值线

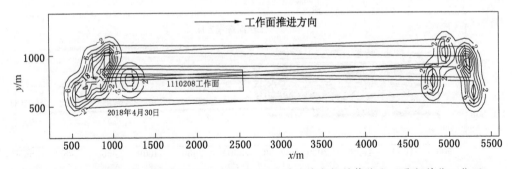

图 7-77　1110208 工作面推进到 2018 年 4 月 30 日时的地表倾斜等值线（叠加其他工作面）

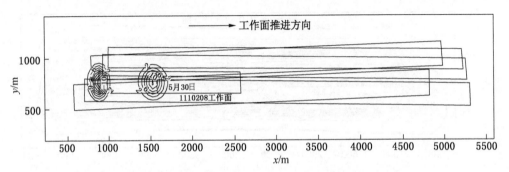

图 7-78　1110208 工作面推进到 2018 年 5 月 30 日时的地表倾斜等值线

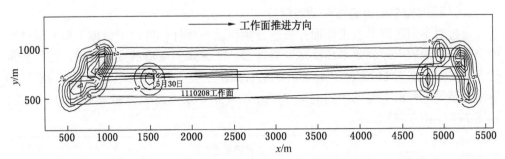

图 7-79　1110208 工作面推进到 2018 年 5 月 30 日时的地表倾斜等值线（叠加其他工作面）

　　如果仅从地表倾斜终态等值线来看（图 7-85），地表倾斜主要集中在工作面开切眼上方地表附近及终采线上方地表一定范围内，其他受开采影响地表点的倾斜变形为 0，但对比不同时间节点可知，最终倾斜变形为 0 的地表点在工作面开采过程中也经历了倾斜变形从小到大，再从大到小，直到趋于 0 为止。通过对比图 7-83 和图 7-84 终采线位置上方地表点的倾斜变形可知，终采线上方地表点的倾斜在图

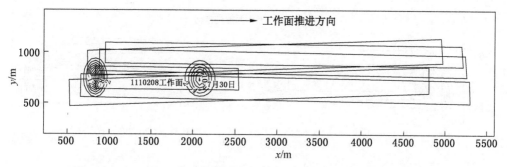

图 7-80　1110208 工作面推进到 2018 年 7 月 30 日时的地表倾斜等值线

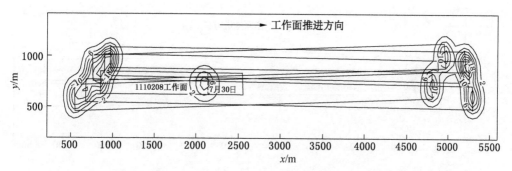

图 7-81　1110208 工作面推进到 2018 年 7 月 30 日时的地表倾斜等值线（叠加其他工作面）

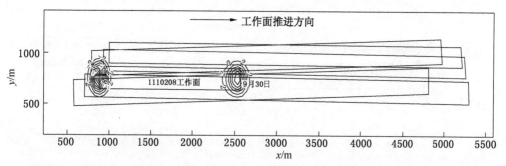

图 7-82　1110208 工作面推进到 2018 年 9 月 30 日时的地表倾斜等值线

7-83 中最大为 8 mm/m，而在终态倾斜等值线中为 12 mm/m。这是由于经过足够长的时间后，所有已经开采的工作面所导致的岩层移动传递到了地表，且达到该地质采矿条件下的最大值，而在进行动态预计时，工作面前方已经开采的部分所引起的岩层移动传递到了地表，但刚开采的部分煤层的影响尚未传递到地表，这是导致相

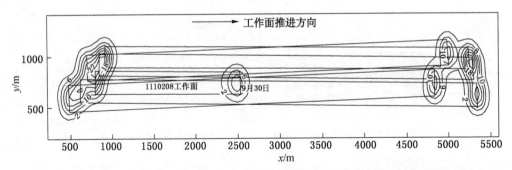

图 7-83　1110208 工作面推进到 2018 年 9 月 30 日时的地表倾斜等值线（叠加其他工作面）

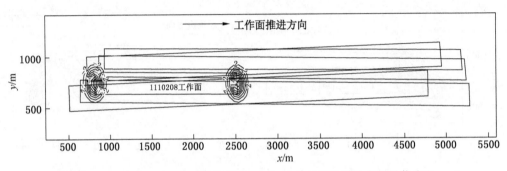

图 7-84　1110208 工作面推进到 2018 年 11 月 5 日时的地表倾斜等值线

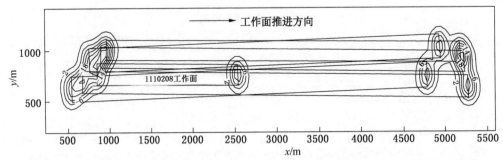

图 7-85　1110208 工作面推进到 2018 年 11 月 5 日时的地表倾斜等值线（叠加其他工作面）

同地表点动态倾斜值比静态倾斜值小的主要原因。另外，等值线的变化趋势也会随着工作面的推进而逐渐向前方传递。

3. 不同时间节点地表曲率动态预计

在不同的时间节点，同样对开采影响区地表点的曲率变化进行了动态预计，图 7-86、图 7-88、图 7-90、图 7-92、图 7-94 清楚地反映了在 1102202 工作面推进过程中地表曲率随时间的动态变化过程，图7-87、图7-89、图7-91、图7-93、图7-95为1110208工作面开采影响后的地表曲率等值线。对于1110208工作面，由图7-94的终态曲率等值线可知，受开采影响地表点的曲率变形除了在开切眼及终采线上方一定范围内存在以外，其他地表点的曲率变形为0，但事实上其他曲率变形为0的点也经历了剧烈的曲率变化过程。

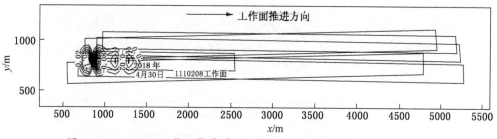

图7-86　1110208工作面推进到2018年4月30日时的地表曲率等值线

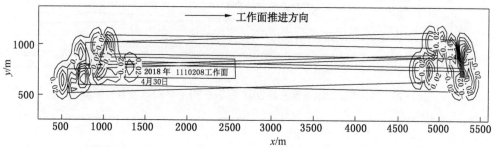

图7-87　1110208工作面推进到2018年4月30日时的地表曲率等值线（叠加其他工作面）

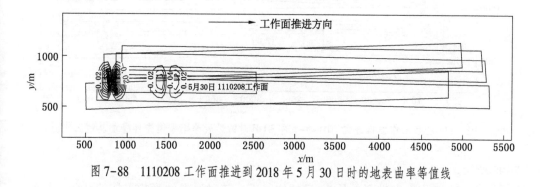

图7-88　1110208工作面推进到2018年5月30日时的地表曲率等值线

4. 1110208工作面推进到2018年9月30日时地表终态移动变形等值线

1110208工作面开采后的地表终态下沉、走向倾斜和曲率等值线如图7-96~图

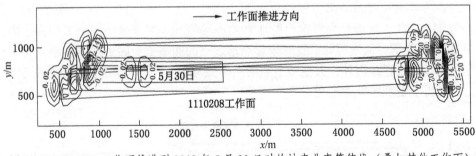

图 7-89　1110208 工作面推进到 2018 年 5 月 30 日时的地表曲率等值线（叠加其他工作面）

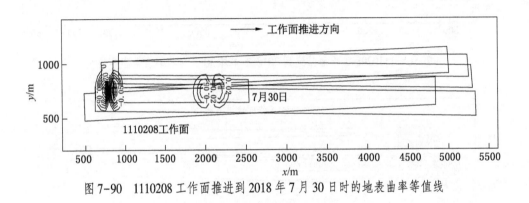

图 7-90　1110208 工作面推进到 2018 年 7 月 30 日时的地表曲率等值线

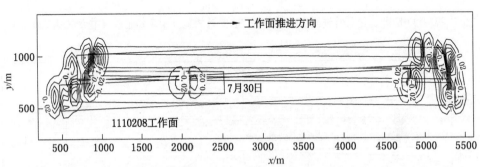

图 7-91　1110208 工作面推进到 2018 年 7 月 30 日时的地表曲率等值线（叠加其他工作面）

7-98 所示。

　　1110208 工作面推进到 9 月 30 日的位置后，其对地表的影响将持续几年，持续时间和工作面的开采深度及工作面上覆岩层的性质有关，通过对大量实测资料的分析可知，工作面开采对地表移动变形的影响时间大概为 $2.5H_0$（d），H_0 为工作面平

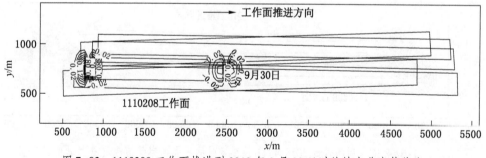

图 7-92　1110208 工作面推进到 2018 年 9 月 30 日时的地表曲率等值线

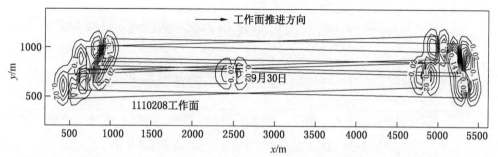

图 7-93　1110208 工作面推进到 2018 年 9 月 30 日时的地表曲率等值线（叠加其他工作面）

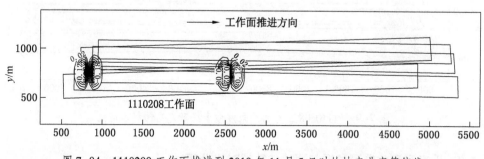

图 7-94　1110208 工作面推进到 2018 年 11 月 5 日时的地表曲率等值线

均采深。图 7-96 为 112201、112203、1106106、1106108、1110206 和 1110208 工作面开采后地表移动稳定后的下沉等值线，图 7-97 和图 7-98 分别为两个工作面开采后地表移动稳定后的倾斜和曲率等值线。

由图 7-96~图 7-98 可知在 1110208 工作面开采后，地表点的最终下沉、倾斜和曲率的分布及数值的大小，可为矿区后续的相关工程建设及生态环境恢复治理等工作提供翔实的数据支撑。

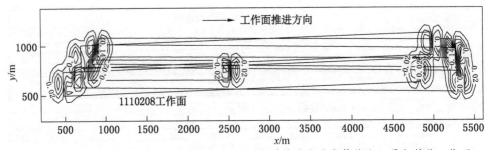

图 7-95　1110208 工作面推进到 2018 年 11 月 5 日时的地表曲率等值线（叠加其他工作面）

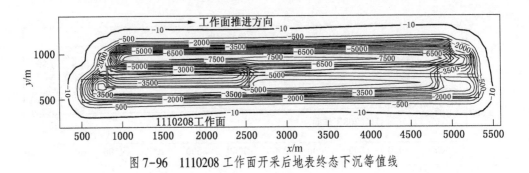

图 7-96　1110208 工作面开采后地表终态下沉等值线

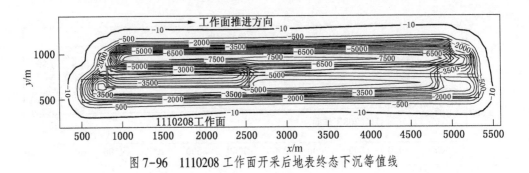

图 7-97　1110208 工作面开采后地表终态走向倾斜等值线

7.2.3　地表观测站监测数据与预计结果的对比分析

1. 梅花井煤矿地表监测点概况

宁夏回族自治区国土资源调查监测院在梅花井煤矿共布设监测点 12 个，其中人工监测点 6 个，分别是 MHJ-4-1、MHJ-4-2、MHJ-4-3、MHJ-4-4、MHJ-4-5 和 MHJ-4-6；自动监测点 4 个，分别是 MHJ-2-1、MHJ-2-2、MHJ-2-3 和 MHJ-2-4；监测站 MHJ-1-1 和 MHJ-3-1 位于工作面开采影响区域外，分别属于人工监测基准点和自动监测基准点，可为监测数据处理提供精确、可靠的起算数据。梅花井煤矿 12 个监测点的经纬度坐标及 1954 北京坐标系 3°带坐标见表 7-8。

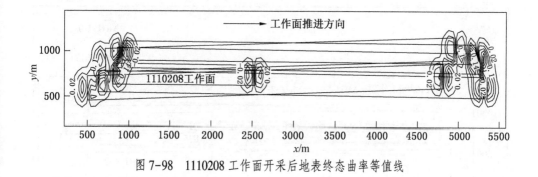

图 7-98 1110208 工作面开采后地表终态曲率等值线

表 7-8 监测点的经纬度坐标及 1954 北京坐标系 3°带坐标

监测点	经度	纬度	1954 北京坐标系 3°带坐标	
			X	Y
MHJ-1-1	38°01′15″	106°41′19″	4210696.775	36384845.700
MHJ-2-1	38°01′04″	106°41′43″	4210349.356	36385426.373
MHJ-2-2	38°00′28″	106°41′34″	4209242.382	36385191.227
MHJ-2-3	37°59′57″	106°41′17″	4208292.339	36384762.995
MHJ-2-4	37°59′40″	106°41′07″	4207771.591	36384511.587
MHJ-3-1	37°58′55″	106°42′07″	4206363.473	36385956.337
MHJ-4-1	38°01′15″	106°42′14″	4210677.968	36386187.312
MHJ-4-2	38°00′52″	106°42′09″	4209970.465	36386055.454
MHJ-4-3	38°00′00″	106°41′45″	4208375.240	36385447.495
MHJ-4-4	38°00′30″	106°41′57″	4209296.186	36385753.227
MHJ-4-5	37°59′30″	106°41′33″	4207454.304	36385141.699
MHJ-4-6	37°59′03″	106°41′40″	4206619.366	36385300.839

　　为了方便预计和分析问题，在实际操作中同样将工作面和监测点 1954 北京坐标系坐标转换到工作面坐标系下进行，转换后监测站与工作面的相对位置关系如图 7-99 所示。

　　由图 7-99 可知，监测基准点 MHJ-3-1 和 MHJ-1-1 位于开采影响范围之外，受开采影响的地表观测点即为监测点，通过对监测点不间断周期观测，能够监测地表点受地下工作面开采的影响和移动变形规律，能够为后续矿区开采时提前预测地表下沉及移动变形提供借鉴。

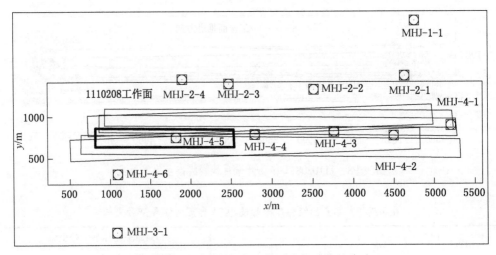

图 7-99　监测点位置与工作面的相对位置关系

2. 梅花井煤矿地表监测点观测数据的分析

人工监测点主要采用四等水准测量的方法，求取在观测时间段内监测点在国家高程基准下的高程值，通过分析不同时间段监测点高程值的变化情况，便可得到各期监测点的垂直位移，进而分析其受地下工作面开采的影响过程和变化规律。在水准观测过程中严格执行四等水准测量规范。通过数据处理，每期观测中的各种检核误差均符合规范要求。

梅花井煤矿地表监测点已有观测数据 3 期，分别于 2015 年 5 月、2016 年 11 月和 2017 年 11 月进行观测，最新一期观测数据为 2018 年 10 月进行观测。监测点 MHJ-4-6 在第二期观测时已被破坏，没有得到有效的监测数据。通过处理观测数据，绘制出观测成果的高程值变化图，如图 7-100 所示。

通过计算得到各监测点的年度下沉量，见表 7-9。

表 7-9　梅花井煤矿监测点年度观测数据及其下沉量

监测点	2015 年水准高程/m	2016 年水准高程/m	2017 年水准高程/m	2015 年下沉量/mm	2016 年下沉量/mm	2017 年下沉量/mm
MHJ-4-1	1340.095	1340.500	1338.115	−60	344	−2041
MHJ-4-2	1333.982	1333.692	1331.863	40	−253	−2082
MHJ-4-3	1341.168	1339.858	1339.202	50	−1261	−1917
MHJ-4-4	1343.896	1342.685	1342.491	50	−1157	−1351
MHJ-4-5	1354.700	1353.680	1353.607	60	−963	−1036

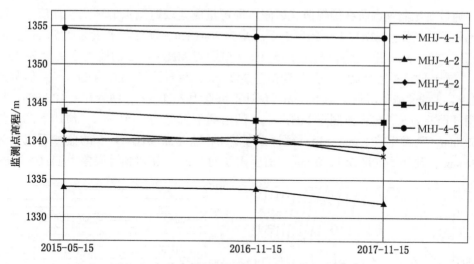

图 7-100 梅花井煤矿第三期监测高程值变化图

由图 7-100、表 7-9 可以看出，人工监测点在观测的 3 个年度内，监测到的最大下沉量为 -2082mm、最小下沉量为 -1036 mm。

3. 人工监测数据与预计终态结果的对比分析

梅花井煤矿地表人工监测点 MHJ-4-1 的地下工作面为 1106106 工作面和 1110206 工作面；MHJ-4-2 和 MHJ-4-3 的地下工作面为 112203 工作面和 1106106 工作面；MHJ-4-4 的地下工作面为 112203 工作面和 1106108 工作面；MHJ-4-5 的地下工作面为 112203 工作面、1106108 工作面和 1110208 工作面；MHJ-4-6 位于此次预计的影响之外。此次预计的时间节点为 2017 年 11 月 15 日，预计参数与表 7-1 中的参数相同，在进行动态预计之前，需要首先判断在预计时刻，哪些工作面会对该监测点产生影响，112201 工作面的初采时间为 2009 年 4 月 17 日，停采时间为 2010 年 12 月 20 日，112203 工作面的初采时间为 2010 年 10 月 1 日，停采时间为 2012 年 7 月 20 日，而监测点的第一次观测时间为 2015 年 5 月。通过判断，这两个工作面对监测点的影响很小，可以忽略不计，又因为在预计时间点，1110208 工作面还未开采，可以不用考虑。因此，预计时只需要考虑 1106106 工作面、1106108 工作面和 1110208 工作面的影响。预计方法及过程与 5.1.1 节和 5.1.2 节中的过程相同。为了使预计更有针对性，提高预计计算效率，在针对某个点进行动态预计时，可以选取该点周围较小范围的区域进行。

预计后，将监测点的位置展绘到预测区域的下沉等值线中，可以精确地查看在预计时间监测点的预计结果，具体如图 7-101 所示。

通过对比监测点所在的等值线区间，即可量测地表监测点的理论预计值。具体对比如下：监测点 MHJ-4-1 的监测下沉量为 2041mm，预计下沉量为 2350 mm，两者相差 309 mm，相对预计误差为 15.1%；监测点 MHJ-4-2 的监测下沉量为 2082 mm，预计下沉量为 1840 mm，两者相差 242 mm，相对预计误差为 11.6%；监测点 MHJ-4-3 的监测下沉量为 1917 mm，预计下沉量为 2020 mm，两者相差 103 mm，相对预计误差为 5.3 %；监测点 MHJ-4-4 的监测下沉量为 1351 mm，预计下沉量为 1350 mm，两者相差 1 mm，相对预计误差为 0；监测点 MHJ-4-5 的监测下沉量为 1036 mm，预计下沉量为 1150 mm，两者相差 114 mm，相对预计误差为 11.0%。通

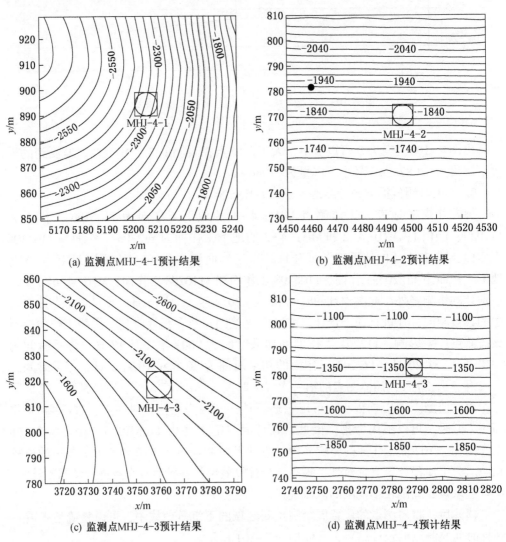

(a) 监测点MHJ-4-1预计结果　　　　　　(b) 监测点MHJ-4-2预计结果

(c) 监测点MHJ-4-3预计结果　　　　　　(d) 监测点MHJ-4-4预计结果

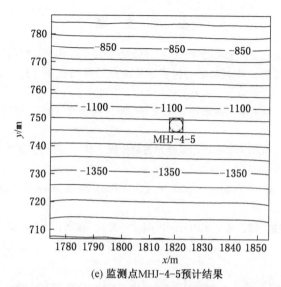

(e) 监测点MHJ-4-5预计结果

图 7-101　2017 年 11 月 15 日梅花井煤矿监测点下沉预计结果

过统计对比可知，在该时间节点相对预计误差最大为 15.1%，最小为 0，整体相对精度多控制在 10% 左右。理论预计值和实际监测值产生偏差的原因有很多，预计参数选取不合理、煤层开采厚度不均匀变化、工作面推进速度变化（动态预计输入的开采速度一般是工作面开采的平均速度）、山区地表在移动变形过程中的滑移作用等，都会造成预计结果出现偏差。为了提高预计精度，还需要继续加强对矿区地表移动变形监测的力度，在大量监测数据的基础上，反演矿区地表移动变形相关参数，加强对矿区相关资料的收集，精确掌握工作面在不同阶段的推进速度，不同阶段的开采高度等数据；同时，在大量实测数据的基础上，还需要加强对宁东矿区地表移动变形预计模型的研究，建立精度更高的预测模型。

参 考 文 献

[1] 刘延静. 我国煤炭行业供求状况与发展趋势研究 [D]. 哈尔滨：哈尔滨工程大学，2010.

[2] 崔希民，张兵，彭超. 建筑物采动损害评价研究现状与进展 [J]. 煤炭学报，2015，40 (8)：1718-1728.

[3] 黄乐亭，王金庄. 地表动态沉陷变形规律与计算方法研究 [J]. 中国矿业大学学报，2008 (2)：211-215.

[4] 崔希民，陈立武. 沉陷大变形动态监测与力学分析 [M]. 北京：煤炭工业出版社，2004.

[5] Cui X, Wang J, Yisheng L. Prediction of progressive surface subsidence above longwall coal mining using a time function [J]. International Journal of Rock Mech anics & Mining Sciences, 2001, 7 (38)：1057-1063.

[6] 何国清，杨伦，凌赓娣，等. 矿山开采沉陷学 [M]. 徐州：中国矿业大学出版社，1995.

[7] 崔希民，邓喀中. 煤矿开采沉陷预计理论与方法研究评述 [J]. 煤炭科学技术，2017 (1)：160-169.

[8] Li P, Tan Z, Yan L, et al. A method to calculate displacement factors using SVM [J]. Mining Science and Technology (China), 2011, 3 (21)：307-311.

[9] Tan Y L, Yu F H, Chen L. A new approach for predicting bedding separation of roof strata in underground coalmines [J]. International Journal of Rock Mechanics and Mining Sciences, 2013 (61)：183-188.

[10] Zhang Q, Zhang J, Huang Y, et al. Backfilling technology and strata behaviors in fully mechanized coal mining working face [J]. International Journal of Mining Science and Technology, 2012, 2 (22)：151-157.

[11] Woo K, Eberhardt E, Elmo D, et al. Empirical investigation and characterization of surface subsidence related to block cave mining [J]. International Journal of Rock Mechanics and Mining Sciences, 2013 (61)：31-42.

[12] Fuenkajorn K, Archeeploha S. Estimation of cavern configurations from subsi dence data [J]. Bulletin of Engineering Geology and the Environment, 2011, 1 (70)：53-61.

[13] Hejmanowski R, Malinowska A. Evaluation of reliability of subsidence predic- tion based on spatial statistical analysis [J]. International Journal of Rock Mechan- ics and Mining Sciences, 2009, 2 (46)：432-438.

[14] Zhou G, Esaki T, Mori J. GIS-based spatial and temporal prediction system development for regional land subsidence hazard mitigation [J]. Environmental Geology, 2003, 6 (44)：665-678.

[15] Kim J, Parizek R R. Numerical simulation of the Rhade effect in layered aquifer systems due to groundwater pumping shutoff [J]. Advances in Water Resources, 2005, 65 (28)：627-642.

[16] Cui X, Wang J, Liu Y. Prediction of progressive surface subsidence above long- wall coal mining using a time function [J]. International Journal of Rock Mechan- ics and Mining Sciences, 2001, 7 (38)：1057-1063.

［17］ Stephenson R A, Narkiewicz M, Dadlez R, et al. Tectonic subsidence modelling of the Polish Basin in the light of new data on crustal structure and magnitude of inversion ［J］. Sedimentary Geology, 2003 (156)：59-70.

［18］ Liu X, Wang J, Guo J, et al. Time function of surface subsidence based on Harris model in mined-out area ［J］. International Journal of Mining Science and Technology, 2013, 2 (23)：245-248.

［19］ 刘宝琛, 廖国华. 煤矿地表移动基本规律 ［M］. 北京：中国工业出版社, 1965.

［20］ 王金庄, 邢安仕, 吴立新. 矿山开采沉陷及其损害防治 ［M］. 北京：煤炭工业出版社, 1995.

［21］ 胡炳南, 张华兴, 申宝宏. 建筑物、水体、铁路及主要井巷煤柱留设与压煤开采指南 ［M］. 北京：煤炭工业出版社, 2017.

［22］ 何国清, 马伟民, 王金庄. 威布尔分布型影响函数在地表移动计算中的应用——用碎块体理论研究岩移基本规律的探讨 ［J］. 中国矿业学院学报, 1982 (1)：1-19.

［23］ 戴华阳. 基于倾角变化的开采沉陷模型及其 GIS 可视化应用研究 ［J］. 岩石力学与工程学报, 2002 (1)：148.

［24］ Peng S S. Surface Subsidence Engineering ［M］. Colorado：Society for mining, Metallurgy and Exploration Inc, 1992.

［25］ Luo Y, Cheng J. An influence function method based subsidence prediction program for longwall mining operations in inclined coal seams ［J］. Mining Science and Technology (China), 2009 (19)：592-598.

［26］ 王金庄, 吴立新, 戴华阳, 等. 开采沉陷控制与"三下"采煤研究文集 ［M］. 北京：煤炭工业出版社, 2012.

［27］ 余学义. 采动过程中地表位移变形预计方法 ［J］. 湘潭矿业学院学报, 1996, 11 (4)：1-6.

［28］ 彭小沾, 崔希民, 臧永强, 等. 时间函数与地表动态移动变形规律 ［J］. 北京科技大学学报, 2004 (4)：341-344.

［29］ 常占强, 王金庄. 关于地表点下沉时间函数的研究——改进的克诺特时间函数 ［J］. 岩石力学与工程学报, 2003 (9)：1496-1499.

［30］ 栾元重, 吴承国, 孔祥忠, 等. 地表移动与变形的动态预测方法 ［J］. 矿山测量, 2003 (1)：57-58.

［31］ 李德海. 覆岩岩性对地表移动过程时间影响参数的影响 ［J］. 岩石力学与工程学报, 2004 (22)：37 80-3784.

［32］ 杨帆, 麻凤海, 刘书贤, 等. 采空区岩层移动的动态过程与可视化研究 ［J］. 中国地质灾害与防治学报, 2005 (1)：86-90.

［33］ 吴侃, 靳建明. 时序分析在开采沉陷动态参数预计中的应用 ［J］. 中国矿业大学学报 (自然科学版), 2000, 29 (4)：413-415.

［34］ 范洪冬, 邓喀中, 谭志祥, 等. 开采沉陷动态参数预计的三次指数平滑法 ［J］. 河南理工大学学报 (自然科学版), 2006 (3)：196-199.

[35] 刘玉成，曹树刚，刘延保. 改进的 Konthe 地表沉陷时间函数模型 [J]. 测绘科学，2009 (5)：16-17.

[36] 朱广轶，朱乐君，郭影. 地表沉陷动态时间函数研究 [J]. 西安科技大学学报，2009 (3)：329-332.

[37] 马春艳，邹友峰，柴华彬. 利用 MATLAB 的地表动态预计系统的算法设计 [J]. 测绘科学，2011，36 (6)：248-249.

[38] 张书建，汪云甲，范忻. 基于 Knothe 时间函数和 InSAR 的煤矿区动态沉陷预计研究 [J]. 煤炭工程，2012 (4)：91-94.

[39] 廉旭刚. 基于 Knothe 模型的动态地表移动变形预计与数值模拟研究 [D]. 北京：中国矿业大学（北京），2012.

[40] 胡青峰，崔希民，康新亮，等. Knothe 时间函数参数影响分析及其求参模型研究 [J]. 采矿与安全工程学报，2014 (1)：122-126.

[41] Hu Q, Deng X, Feng R, et al. Model for calculating the parameter of the Knothe time function based on angle of full subsidence [J]. International Journal of Rock Mechanics and Mining Sciences, 2015 (78)：19-26.

[42] 王军保，刘新荣，刘小军. 开采沉陷动态预测模型 [J]. 煤炭学报，2015 (3)：516-521.

[43] Nie L, Wang H, Xu Y, et al. A new prediction model for mining subsidence defor mation：the arc tangent function model [J]. Natural Hazards, 2015 (75)：2185-2198.

[44] 吴侃，葛家新，王玲丁，等. 开采沉陷预计一体化方法 [M]. 徐州：中国矿业大学出版社，1998.

[45] 戴华阳，王金庄. 急倾斜煤层开采沉陷 [M]. 北京：中国科学技术出版社，2005.

[46] 李培现，谭志祥，齐公玉，等. 基于 MATLAB 的开采沉陷预计系统 [J]. 中国矿业，2008，17 (11)：72-76.

[47] 孙灏. 利用 IDL 开发矿山开采沉陷预计系统的方法与应用 [J]. 测绘标准化，2009 (4)：38-40.

[48] 王磊，谭志祥，张鲜妮，等. 开采沉陷预计可视化系统开发及应用 [J]. 煤矿安全，2009 (4)：34-36.

[49] 张兵. 矿山地表移动变形静动态预计系统研究与开发 [D]. 北京：中国矿业大学（北京），2008.

[50] 李春意. 覆岩与地表移动变形演化规律的预测理论及实验研究 [D]. 北京：中国矿业大学（北京），2010.

[51] 胡青峰. 特厚煤层高效开采覆岩与地表移动规律及预测方法研究 [D]. 北京：中国矿业大学（北京），2011.

[52] 蔡来良. 适宜倾角变化的开采沉陷一体化预测模型研究 [D]. 北京：中国矿业大学（北京），2011.

[53] 吴侃，周鸣. 矿区沉陷预测预报系统 [M]. 徐州：中国矿业大学出版社，1999.

[54] 柴华彬，邹友峰，袁占良，等. SuperMap 系统在开采沉陷预计分析中的应用 [J]. 西安科技大学学报，2005，25 (1)：52-56.

[55] 朱珍．基于．NET 与 ArcObjects 组件技术的矿山开采沉陷可视化预计系统研究及应用 [D]．青岛：青岛理工大学，2014.

[56] 路兵．基于 C#的矿山开采沉陷预计可视化系统 [D]．青岛：山东科技大学，2011.

[57] 李春雷，蔡美峰，李晓璐．基于 GIS 的开采沉陷预测系统构架研究 [J]．金属矿山，2006 (10)：53-57.

[58] 张翠英．基于 MapX 的煤矿开采沉陷预计及地表移动观测站数据处理系统的研发 [D]．淮南：安徽理工大学，2009.

[59] 康建荣，王金庄，温泽民．开采沉陷任意形多工作面多线段开采沉陷 [J]．矿山测量，2000 (1)：24-27.

[60] 张姣姣．矿山开采沉陷信息处理系统的设计与实现 [D]．淮南：安徽理工大学，2014.

[61] 李明，李琰庆，王红梅．任意形状工作面开采沉陷预计系统开发 [J]．矿业安全与环保，2008 (5)：18-21.

[62] Knothe S. Time influence on a formation of a subsidence surface [J]．Archives of Mining and Metallurgy Sciences，1953 (1)：128-139.

[63] 黄乐亭，王金庄．地表动态沉陷变形的 3 个阶段与变形速度的研究 [J]．煤炭学报，2006 (4)：420-424.

[64] 崔希民，缪协兴，赵英利，等．论地表移动过程的时间函数 [J]．煤炭学报，1999 (5)：453-456.

[65] 钱鸣高．岩层控制的关键层理论 [M]．徐州：中国矿业大学出版社，2003.

[66] 王树元．岩层与地表移动预计方法 [M]．北京：煤炭工业出版社，1987.

[67] 余学义，张恩强．开采损害学 [M]．北京：煤炭工业出版社，2004.

[68] 周新鹤．煤矿开采沉陷预测模块研发及在钱家营矿的应用 [D]．沈阳：东北大学，2013.

[69] 闫海珍．官地煤矿近距煤层巷道布置及回采工艺技术的相似模拟研究 [J]．山西煤炭，2016 (3)：50-52.

[70] 康新亮，胡青峰，袁天奇，等．官地矿综放开采地表移动变形规律分析 [J]．煤矿安全，2014 (1)：166-169.

[71] 谢和平，周宏伟，王金安，等．FLAC 在煤矿开采沉陷预测中的应用及对比分析 [J]．岩石力学与工程学报，1999 (4)：29-33.

[72] Xu N，Kulatilake P H S W，Tian H，et al. Surface subsidence prediction for the WUTONG mine using a 3-D finite difference method [J]．Computers and Geotechnics，2013 (48)：134-145.

[73] 南英华，徐能雄，武雄，等．安家岭井工一矿开采沉陷数值模拟岩体力学参数反演 [J]．煤炭技术，2015 (1)：109-112.

[74] 朱伟．中硬覆岩综放开采裂缝带发育高度研究 [J]．煤矿安全，2013，44 (2)：61-63，66.

[75] 靳苏平．王庄煤矿综放开采地表移动与覆岩破坏规律研究 [J]．矿山测量，2009 (3)：42-43.

[76] 陈俊杰，王礼，郭延涛．基于概率积分法的矿山地表移动观测 [J]．测绘科学，2014 (3)：146-148.

［77］ 尹士献. 复杂地形三维数值建模研究［J］. 河南理工大学学报（自然科学版），2011（4）：438-442.

［78］ 唐矗，洪冠新. 基于地形高程数据的复杂地形风场建模方法［J］. 北京航空航天大学学报，2014（3）：360-364.

［79］ 陈育民，徐鼎平. FLAC/FLAC3D 基础与工程实例［M］. 2 版. 北京：中国水利水电出版社，2013.

［80］ 王金安，王树仁，冯锦艳，等. 岩土工程数值计算方法［M］. 北京：科学出版社，2016.

［81］ 王永秀，毛德兵，齐庆新. 数值模拟中煤岩层物理力学参数确定的研究［J］. 煤炭学报，2003（6）：593-597.

［82］ 郭旭炜，杨晓琴，柴双武，等. 分段 Knothe 函数优化及其动态求参［J］. 岩土力学，2020，41（6）：1-8.

［83］ CHEN Lei，ZHANG Liguo，TANG Yixian，et al. Analysis of mining－induced subsidence prediction by exponent Knothe model combined with InSAR and leveling［C］. Annals of the Photogrammetry，Remote Sensing and Spatial Information Sciences，2018（IV-3）：53-59.

［84］ 张凯，胡海峰，廉旭刚，等. 地表动态沉陷预测正态时间函数模型优化研究［J］. 煤炭科学技术，2019，47（9）：235-240.

［85］ 张兵，崔希民，胡青峰. 开采沉陷动态预计的正态分布时间函数模型研究［J］. 煤炭科学技术，2016，44（4）：140-145.

［86］ 张兵，崔希民，赵玉玲，等. 优化分段 Knothe 时间函数求参方法［J］. 煤炭学报，2018，43（12）：3379-3386.

［87］ 张兵，赵玉玲，崔希民，等. 基于优化时间函数的采动地表任意点沉陷动态预计［J］. 煤炭科学技术，2020，48（10）：143-149.

［88］ HOU Defeng，LI Dehai，XU Guosheng，et al. Superposition model for analyzing the dynamic ground subsidence in mining area of thick loose layer［J］. International Journal of Rock Mechanics and Mining Sciences，2018（IV-3）：53-59.

［89］ WANG Binglong，XU Jialin，XUAN Dayang，et al. Time function model of dynamic surface subsidence assessment of grout-injected overburden of a coal mine［J］. International Journal of Rock Mechanics and Mining Sciences，2018（104）：1-8.

［90］ LI Huaizhan，ZHA Jianfeng，GUO Guangli. A new dynamic prediction method for surface subsidence based on numerical model parameter sensitivity［J］. Journal of Cleaner Production，2019（233）：1418-1424.

［91］ 高超，徐乃忠，孙万明，等. 基于 Bertalanffy 时间函数的地表动态沉陷预测模型［J］. 煤炭学报，2020，45（8）：2740-2748.

［92］ 李全生，郭俊廷，戴华阳. 基于采动充分性的地表动态下沉预计方法［J］. 煤炭学报，2020，45（1）：160-167.

［93］ 卢克东，徐良骥，牛亚超. 基于 GA-PSO 融合算法的开采沉陷 Richards 预计模型参数优化［J］. 金属矿山，2021（2）：155-160.

［94］ YANG Zefa, LI Zhiwei, ZHU Jianjun. Deriving Dynamic Subsidence of Coal Mining Areas Using InSAR and Logistic Model ［J］. Remote Sensing, 2017（9）125-144.

［95］ 朱建军, 杨泽发, 李志伟. InSAR 矿区地表三维形变监测与预计研究进展 ［J］. 测绘学报, 2019, 48（2）: 135-144.

［96］ HUANG Changjun, XIA Hongmei, HU Jiyuan. Surface Deformation Monitoring in Coal Mine Area Based on PSI ［J］. IEEE ACCESS, 2019（7）: 29672-29678.

［97］ YANG Zefa, LI Zhiwei, ZHU Jianjun, et al. Use of SAR/InSAR in Mining Deformation Monitoring, Parameter Inversion, and Forward Predictions ［J］. Geoscience And Remote Sensing Magazine, 2020（3）: 71-90.

图书在版编目（CIP）数据

开采沉陷动态预计方法及应用／张兵，崔希民，赵
玉玲著 . --北京：应急管理出版社，2021

ISBN 978-7-5020-8891-0

Ⅰ.①开… Ⅱ.①张… ②崔… ③赵… Ⅲ.①矿山开
采—沉陷性—地质动态模型—研究 Ⅳ.①TD327

中国版本图书馆 CIP 数据核字（2021）第 181249 号

开采沉陷动态预计方法及应用

著　者	张　兵　崔希民　赵玉玲
责任编辑	成联君　杨晓艳
责任校对	孔青青
封面设计	安德馨

出版发行　应急管理出版社（北京市朝阳区芍药居 35 号　100029）
电　话　010-84657898（总编室）　010-84657880（读者服务部）
网　址　www.cciph.com.cn
印　刷　北京虎彩文化传播有限公司
经　销　全国新华书店

开　本　710mm×1000mm$^1/_{16}$　印张　13$^7/_8$　字数　271 千字
版　次　2021 年 9 月第 1 版　2021 年 9 月第 1 次印刷
社内编号　20210785　　　　　　定价　48.00 元